中国西藏重点水域渔业资源与环境保护系列丛书

丛书主编：陈大庆

西藏哲古错
渔业资源与环境调查

杨学芬　杨瑞斌　刘明典　等◎著

中国农业出版社

北　京

内容简介

　　本书是在近年实地考察、调研西藏哲古错水生生物资源与环境的基础上编撰完成的。内容包括哲古错自然环境概况、水环境和水化学特征、水生生物资源现状，哲古错土著种高原裸鲤、拉萨裸裂尻鱼、异尾高原鳅生物学特征，哲古错渔业资源保护策略等多个方面。本书对开展西藏生态系统中脆弱的中小型内流湖泊生态环境保护具有科学参考价值，适合水产、生物多样性、环境保护、鱼类资源等相关领域的科研人员与管理工作者阅读参考。

丛书编委会

科学顾问：曹文宣　中国科学院院士

主　　编：陈大庆

编　　委（按姓氏笔画排序）：

马　波　王　琳　尹家胜　朱挺兵

朱峰跃　刘　飞　刘明典　刘绍平

刘香江　刘海平　牟振波　李大鹏

李应仁　杨瑞斌　杨德国　何德奎

佟广香　陈毅峰　段辛斌　贾银涛

徐　滨　霍　斌　魏开金

本书著者名单

主　任　杨学芬　杨瑞斌　刘明典

副主任　刘香江　霍　斌　李大鹏　刘海平

著　者　杨学芬　杨瑞斌　刘明典　刘香江

　　　　霍　斌　李大鹏　刘海平　谭博真

　　　　何林强　曾小理　徐兆利　田娜娜

　　　　袁明瑞　陆鹏飞

统　稿　杨学芬　杨瑞斌

　　青藏高原特殊的地理和气候环境孕育出独特且丰富的鱼类资源，该区域鱼类在种类区系、地理分布和生态地位上具有其独特性。西藏自治区是青藏高原的核心区域，也是世界上海拔最高的地区，其间分布着众多具有全球代表性的河流和湖泊，水域分布格局极其复杂。多样的地形环境、复杂的气候条件、丰富的水体资源使西藏地区成为我国生态安全的重要保障，对亚洲乃至世界都有着重要意义。

　　西藏鱼类主要由鲤科的裂腹鱼亚科以及鳅科的高原鳅属鱼类组成。裂腹鱼是高原鱼类典型代表，具有耐寒、耐碱、性成熟晚、生长慢、食性杂等特点，集中分布于各大河流和湖泊中。由于西藏地区独有的地形地势和显著的海拔落差导致的水体环境差异，不同水域的鱼类区系组成大不相同，因此西藏地区的鱼类是研究青藏高原隆起和生物地理种群的优质对象。

　　近年来，在全球气候变化和人类活动的多重影响下，西藏地区的生态系统已经出现稳定性下降、资源压力增大及鱼类物种多样性日趋降低等问题。西藏地区是全球特有的生态区域，由于其生态安全阈值幅度较窄，环境对于人口的承载有限，生态系统一旦被破坏，恢复时间长。高原鱼类在长期演化过程中形成了简单却稳定的种间关系，不同鱼类适应各自特定的生态位，食性、形态、发育等方面有不同的分化以适应所处环境，某一处水域土著鱼类灭绝可能会导致一系列的连锁反应。人类活动如水利水电开发和过度捕捞等很容易破坏鱼类的种间关系，给土著鱼类带来严重的危害。

　　由于特殊的高原环境、交通不便、技术手段落后等因素，直到 20 世纪中期我国才陆续有学者开展青藏高原鱼类研究。有关西藏鱼类最近的一次调查距今已有 20 多年，而这 20 多年也正是西藏社会经济快速发展的时期。相比 20 世纪中期，现今西藏水域生态环境已发生了显著的变化。当前西藏鱼类资源利用和生态保护与水资源开发的矛盾逐渐突出，在鱼类自然资源持续下降、外来物种入侵和人类活动影响加剧的背景下，有必要系统和深入地开展西藏鱼类资源与环境的全面调查，为西藏生态环境和生物多样性的保护提供科学支撑；同时这也是指导西藏水资源规划和合理利用、保护水生生物资源和保障生态西藏建设的需要，符合国家发展战略要求和中长期发展规划。

　　"中国西藏重点水域渔业资源与环境保护系列丛书"围绕国家支援西藏发展的战略方针，符合国家生态文明建设的需要。该丛书既有对各大流域湖泊渔业资源与环境的调查成果的综述，也有关于西藏土著鱼类的繁育与保护的技术总结，同时对于浮游动植物和底栖生物也有全面系统的调查研究。该丛书填补了我国西藏水域鱼类基础研究数据的空白，不仅为科研工作者提供了大量参考资料，也为广大读者提供了关于西藏水域的科普知识，同时也可为管理部门提供决策依据。相信这套丛书的出版，将有助于西藏水域渔业资源的保护和优质水产品的开发，反映出中国高原渔业资源与环境保护研究的科研水平。

中国科学院院士

2022 年 10 月

前 言

哲古错位于西藏自治区山南市措美县，与羊卓雍措、普莫雍错组成了藏南地区最大的内陆湖群。哲古错呈弯刀状条形，长轴近南北向延伸，湖面海拔在 4 600m 以上，湖面面积 60km²，仅有长度不足 50km 的业久曲常年有流水入湖，湖泊生态系统脆弱。近年来，受气候变化及人类活动的综合影响，藏南内流湖泊退化趋势明显，出现湖泊生态系统稳定性降低、资源环境压力增大等问题。为了促进西藏重点水域环境保护和渔业资源可持续发展，2017 年农业部设立"西藏重点水域渔业资源与环境调查"专项，重点对西藏地区具有代表性的河流和湖泊水域开展渔业资源与环境调查工作，哲古错作为藏南内陆湖的代表列入其中，由华中农业大学和中国水产科学院长江水产研究所具体实施。项目组先后对哲古错开展了 5 次现场采样调查，结合历史资料，完成了本书的编著工作。

全书分七章。第一章主要介绍哲古错概况、水环境和水化学特征，由杨学芬、杨瑞斌、谭博真撰写；第二章介绍了哲古错浮游动植物、底栖动物等水生生物资源的种类组成、优势种及时空分布特征等，由谭博真、刘香江共同撰写；第三章描述了哲古错高原裸鲤年龄与生长特性、繁殖特性、种群动态等生物学特征，由谭博真、田娜娜撰写；第四章介绍了哲古错拉萨裸裂尻鱼的年龄与生长、繁殖等生物学特性，由曾小理、何林强、徐兆利撰写；第五章介绍了哲古错异尾高原鳅形态学、年龄与生长、繁殖等生物学特性，由田娜娜、刘海平、霍斌撰写；第六章介绍了哲古错拉萨裸裂尻鱼的皮肤特征、色素组成、皮肤转录组比较分析等，初步探讨了拉萨裸裂尻鱼皮肤对高原强紫外线辐射的适应特征，由杨学芬、陆鹏飞、袁明瑞共同撰写；第七章对哲古错生态环境、鱼类资源现状进行了分析，并提出哲古错鱼类资源保护策略，由杨瑞斌、李大鹏、刘海平、刘明典撰写。

项目执行过程中得到农业农村部计划财务司、科技教育司、渔业渔政管理局，中国水产科学研究院，西藏自治区农业农村厅、农牧科学院水产科学研究所等单位的领导和同仁的大力支持，在此表示诚挚的感谢！特别感谢山南市措美县哲古镇达瓦、巴珠等领导及众多没记下姓名的藏族朋友在采样过程中给予的大力支持与帮助。对项目执行过程中冒着生命危险、克服恶劣的气候环境条件，坚决完成野外采样任务的项目组成员致以崇高的敬意！

参加项目采样的人员还有欧志杰、刘源、李创、李亮涛等同学，刘沫洋、王纤纤等同学参与样品分析等项目工作，在此一并感谢！

全书由余宗泽、黄政威、陈宇航、朱熙云、侯立依校对，杨学芬、杨瑞斌统稿。

由于调查时间、水平、范围有限，书中难免存在不妥之处，敬请广大读者和同行批评指正。

著　者

2022 年 10 月

目 录

第一章

哲古错水环境和水化学特征

第一节　哲古错概况

青藏高原素有"亚洲水塔"之称，该地区河流交错、湖泊密布，是我国水资源最丰富的地区之一。湖泊湿地在西藏流域系统中占有重要地位，对于维护青藏高原生态功能，保障下游河流生态安全具有重要的战略地位（张天华等，2005）。青藏高原有着丰富多样的珍稀动植物种类（孙鸿烈等，2012），其中鸟类资源尤其丰富，共有 19 目 57 科 473 种（郑作新等，1983），它们作为生态系统中的重要组成部分，可以作为生态系统健康与否的指标物种。因此，对鸟类生活、迁徙和繁衍地区的保护研究是保护当地生物多样性及维护生态系统完整性不可或缺的一部分（贾荻帆，2012）。依据青藏高原气候，大体可以将全区湖泊分为三个部分：藏南外流-内陆湖区、藏东南外流湖区、藏北内陆湖区。其中，藏南外流-内陆湖区位于印度洋西南季风的背风区，属藏南山地灌丛草原半干旱气候，年平均气温 4.0℃，年降水量为 300～400mm，羊卓雍错为该区代表性湖泊。该区湖水主要以降水补给为主，研究表明，近年来，由于降水量减少，气候变暖，使得该区湖泊面积减小，生态环境更加脆弱（王苏民和窦鸿身，1998；闫立娟等，2016）。

一、哲古错及其周边概况

哲古错位于西藏自治区措美县中部，地理坐标为：N28°39′28.97″—N28°43′44.62″，E91°39′34.29″—E91°39′53.99″，在西藏湖泊分区上属于藏南外流-内陆湖区，与羊卓雍错、普莫雍错共同构成一个较大的内流区。湖面海拔 4 622m，湖面面积 60km²，按矿化度分类为咸水湖，为内流冰川融水和雨雪水补给的典型内陆湖泊。业久曲为唯一常年有水流入哲古错的河流。哲古，藏语的意思是"弯刀"，因该湖的形状像一把弯刀，故命名为哲古错。哲古错与西藏著名神山——雅拉香布雪山同为西藏古代南方朝圣之地。

哲古错周边湿地构成哲古草原，哲古草原栖息有大量的野生动物，主要以国家一级保护动物野驴为主，还有野羊、藏狐、黑颈鹤、雪豹、丹顶鹤、猞猁、雪鸡、水獭、旱獭、灰鸭、斑头雁、豺狼。哲古错湖畔是该区域人口聚集居住的哲古镇，哲古镇隶属于西藏自治区山南市措美县，距山南市泽当镇 80km，2017 年总人口 5 178 人。每年 9 月，哲古错湖畔举行当地藏族特色节日"牧人节"，已成为当地著名的文化旅游活动名片。

二、哲古错湖水历史数据

1974 年 8 月，中国科学院青藏高原综合科学考察队对哲古错的湖水进行过采样分析，对 pH、矿化度、总硬度、主要阳离子和阴离子含量进行了检测。其中 pH 为 7.7，矿化度为 0.523mg/L，总硬度为 2.24mg/L，划归为 C-Na-Ⅰ水型。

三、哲古错渔业资源与环境调查

哲古错主要依赖业久曲为其供水，而哲古镇在该河上游，居民生活、放牧等活动用水需要业久曲提供，这使得哲古错补充水量减少，同时由于气候变化等原因，西藏南部内流湖泊退化趋势明显，使其特殊的湖泊生态完整性面临着被破坏的危险，为保证其可持续发展，必须维护湖泊生态系统的多样性与完整性。近年来，西藏地区的生态环境受全球气候变暖和人类活动的综合影响，出现了生态系统稳定性降低、资源环境压力增大等问题。西藏水资源开发利用与鱼类可持续发展、鱼类资源利用、生态保护的矛盾日益突出，已成为亟待解决的重大科学与民生问题。

为贯彻第六次西藏工作座谈会上提出的"要坚持生态保护第一，采取综合举措，加大对草地、湿地、天然林的保护力度"的指示，落实全国农业援藏工作会精神，促进西藏重点水域环境保护和渔业可持续发展，农业农村部开展了"西藏重点水域渔业资源与环境专项"调查。该项目被农业农村部列为农业农村等资源数据统计专项，由华中农业大学水产学院具体实施。

第二节　水环境与水化学调查

一、采样点布置

参照 GB/T 14581—1993 湖泊和水库水质采样技术指导标准，结合哲古错湖泊环境情况，确定 6 个环湖采样站点，各站点具体经纬度如图 1-1、表 1-1 所示。

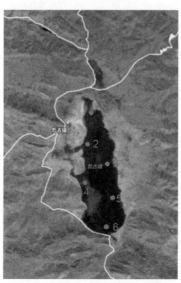

图 1-1　哲古错调查站点设置

表 1-1　哲古错渔业资源与环境调查站点 GPS 信息

站位	经纬度
Z1	N28°43′44.62″，E91°39′53.99″
Z2	N28°41′32.52″，E91°39′47.89″
Z3	N28°40′52.22″，E91°41′8.03″
Z4	N28°39′28.97″，E91°39′34.29″
Z5	N28°38′36.74″，E91°41′37.70″
Z6	N28°37′2.41″，E91°41′9.27″

二、采样时间

2017—2019 年，每年根据丰枯水期对哲古错全湖的水质进行针对性调查。丰水期（秋季）调查时间为每年的 9 月上旬；枯水期（春季）调查时间为每年的 5 月中旬。

三、采样调查内容及方法

沿湖四周设置 6 个采样站点并进行连续 5 次水质检测，采样方案参照 GB 12997，采样技术参照 GB 12998 执行，各水层水样均用闭管式采水器采集，带回实验室后将定点水样混合测定（短时间定点混合水样测定和较长时间混合水样测定结合使用，以便较好反映定点水样指标的实际变化，参照 GB/T 14581—1993）。

共测定了以下 9 项理化指标：

（1）水温　表层水温、中层水温，采用温度计法测定（GB 13195—1991）。

（2）pH　采用便携式多参数水质分析仪（德国 CX-401）现场测定（GB 6920—1986）。

（3）溶解氧（DO）　表层溶解氧和中层溶解氧，参照相关标准（GB 12999）开展野外采集和保存工作，带回实验室采用碘量法（GB7 489—1987）测定。

（4）总氮（TN）　采用碱性过硫酸钾消解紫外分光光度法（GB 11894—1989）测定。

（5）总磷（TP）　采用钼酸铵分光光度法（GB 11893—1989）测定。

（6）透明度　采用塞氏盘法测定。

（7）盐度　采用盐度计法测定。

（8）深度　采用铅锤法测定。

（9）电导率　采用便携式多参数水质分析仪（德国 CX-401）现场测定（GB 6920—1986）。

第三节 水质现状及评价

一、湖泊水深

哲古错湖中心水深最大为1.87m，其余各站点的水深最大值出现在第4次采样的Z6站点，为1.70m。连续5次调查结果显示春季各站点的平均水深小于0.50m，秋季平均水深1m左右，水位变化受季节影响较大（表1-2）。

由图1-2可知，5次水深调查结果中，第1、3、5次的调查结果值均明显低于第2、4

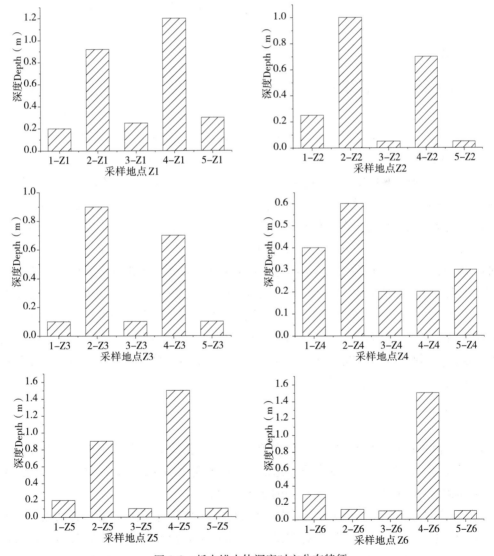

图1-2 哲古错水体深度时空分布特征

次调查的结果值，与低结果值对应的是每年 5 月中旬的调查结果，与高结果值对应的是每年 9 月上旬的调查结果，总体上对应春、秋两季。由此可知，哲古错的水深有明显季节性变化，且与对应季节引起的冰雪融化有一定联系；进一步可知哲古错的湖水补给主要依靠冰雪融水，且受气候影响明显。各个站点由湖岸伸入湖中相同距离处的实际最大湖水深度也有明显差异，Z5 站点第 2、4 次调查的结果值较大，提示该站点的湖底呈"凹陷"状，且湖底地势相对全湖其他各站点最低，集水效果明显，可以推断该站点为全湖严重枯水时大型水生动物的避难所。Z4 站点水深普遍较浅，实际调查中查明，该点为业久曲的入湖口，常年有冰雪融水汇入，加之受流水日积月累的携带沙石冲积的影响，该站点处的湖底较为平缓，且湖底地势相对较高，与实际调查中遇枯水季节时该站点湖岸线急剧向湖心退却的现象吻合。综合全部站点 5 次调查的水深调查结果可知，哲古错全湖湖底地势可基本分为三个梯级，由高到低依次为：第一级，Z4 站点；第二级，Z2、Z3 站点；第三级，Z1、Z5、Z6 站点。

二、水温

哲古错水温最大值出现在第 5 次采样的 Z2 站点，为 21.4℃；最小值出现在第 4 次采样的 Z4 站点，为 4.2℃。整体呈现春季变化较大、秋季变化不大的趋势，秋季水温一般在 12℃左右。Z3、Z4 两个站点的水温连续 5 次调查中波动较大，且有连续降低的趋势，其余各站点均在一定范围内上下波动。

由图 1-3 可知，5 次水温调查结果中，第 1、3、5 次的调查结果值均明显高于第 2、4 次调查的结果值，该结果提示哲古错水温的变化和水深一样呈现季节性变化，且与对应季节的相应气候变化引起的冰雪融化相关。Z1、Z2、Z5 站点水温在丰水期时温度普遍低于其枯水期，根据现场调查时湖上风大且风向基本一致（基本是北风，即从 Z1～Z3 站点吹向 Z4～Z6 站点），可以推测 Z1、Z2 站点丰水期时水温低于枯水期水温是由于风吹湖面引起湖水发生密度环流造成的。Z5 站点的水温调查结果也类似于 Z1、Z2 站点的水温调查结果，但引起 Z5 站点水温变化的原因更大可能是由于该站点湖水的密度层垂直交换。此处分析结果结合对应点位的水深变化分析，更具可信度，因为发生密度环流和水层密度交换需要一定的水深作为基础才能发生。同时，也从另一方面证实其余各个站点水温变化不大与其水深变化不大具有一定的相关性。

三、盐度

哲古错盐度最大值出现在第 1 次采样的 Z1 站点，为 3.71；最小值出现在第 4 次采样的 Z4 站点，为 0.15。整体呈现春季变化较大、秋季变化小的趋势。总体上 Z1 站点和 Z6 站点波动较大，其余各站点在一定范围内上下波动。

由图 1-4 可知，5 次水温调查结果中，Z4 站点盐度值普遍最低，其余各站点盐度值大部分均集中在 1.00 左右。Z4 站点处在第 3、5 次调查时盐度明显高于其余调查结果，可能是第 3、5 次调查时大量冰雪融水刚刚集中汇入湖内溶解底质中的矿物盐而引起的骤然

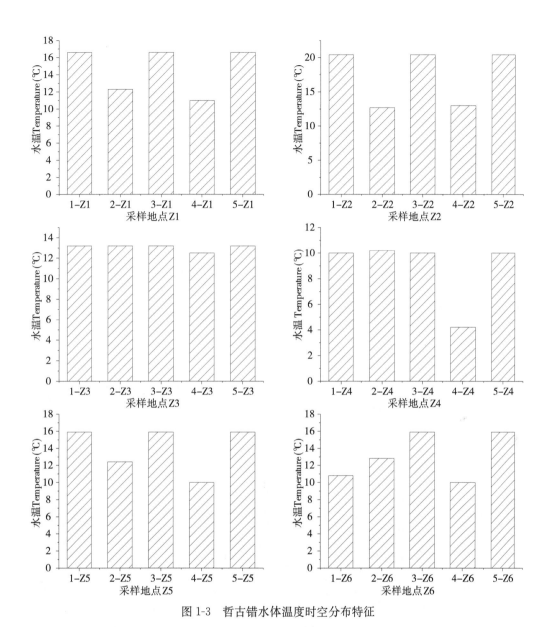

图 1-3　哲古错水体温度时空分布特征

升高现象。Z3 站点处盐度稳定且盐度质不高的原因可能是该站点属于沼泽地型，常年有挺水水生植物，能稳定水质盐度。

四、电导率

哲古错电导率最大值出现在第 2 次采样的 Z6 站点，为 $2\,561\mu S/cm$；最小值出现在第 2 次采样的 Z4 站点，为 $428\mu S/cm$。整体呈现春季变化稳定、秋季变化大的趋势（图 1-5）。总体上 Z4 站点波动较大，其余各站点在一定范围内上下波动。

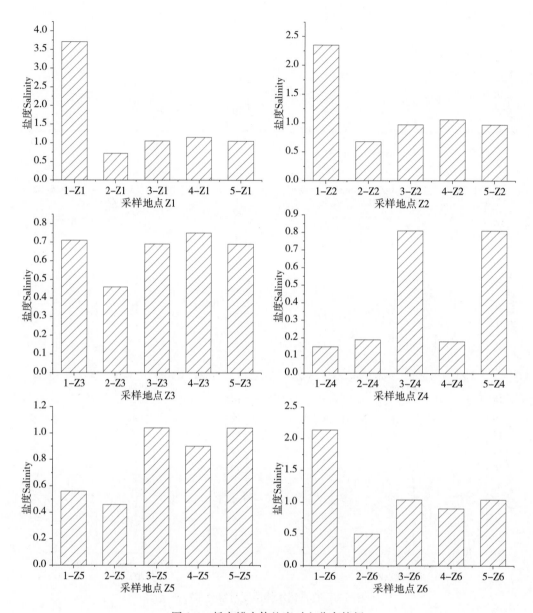

图 1-4　哲古错水体盐度时空分布特征

五、透明度

哲古错透明度最大值出现在第 4 次采样的 Z5、Z6 站点，为 1.2m；最小值出现在第 2 次采样的 Z6 站点和第 2 次采样的 Z1、Z3 站点，为 0.1m。整体呈现秋季变化较大、春季变化小的趋势（图 1-6）。总体上 Z1 站点和 Z6 站点波动较大，其余各站点在一定范围内上下波动。

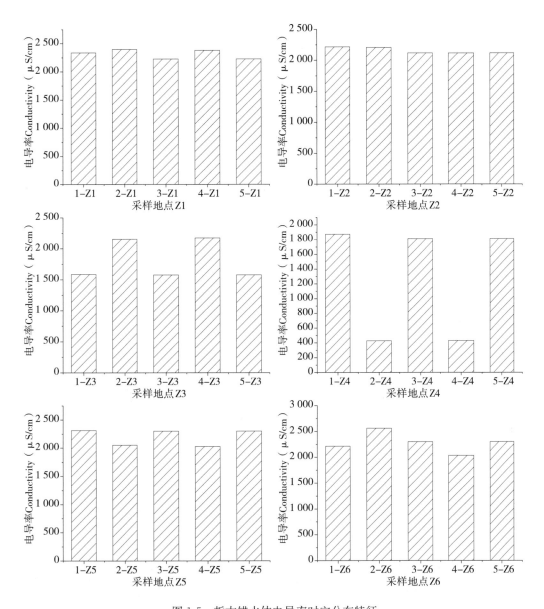

图 1-5　哲古错水体电导率时空分布特征

六、pH

哲古错 pH 最大值出现在第 4 次采样的 Z4 站点，为 10.80；最小值出现在第 2 次采样的 Z4 站点，为 8.42，整体呈现春秋两季稳定的趋势，总体上 Z4 站点稍有波动，其余各站点稳定在 10.00 左右（图 1-7）。

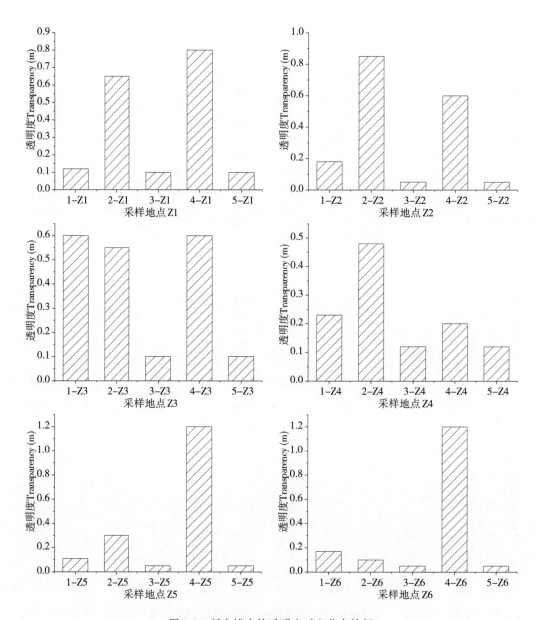

图 1-6　哲古错水体透明度时空分布特征

七、溶解氧

哲古错溶解氧最大值出现在第 1 次采样的 Z3 站点，为 13.26mg/L；最小值出现在第 1 次采样的 Z5 站点，为 5.73mg/L。整体呈现春季变化较大、秋季变化小的趋势，秋季集中在 8.00mg/L（图 1-8）。总体上 Z2 站点和 Z3 站点波动较大，其余各站点在一定范围内上下波动。

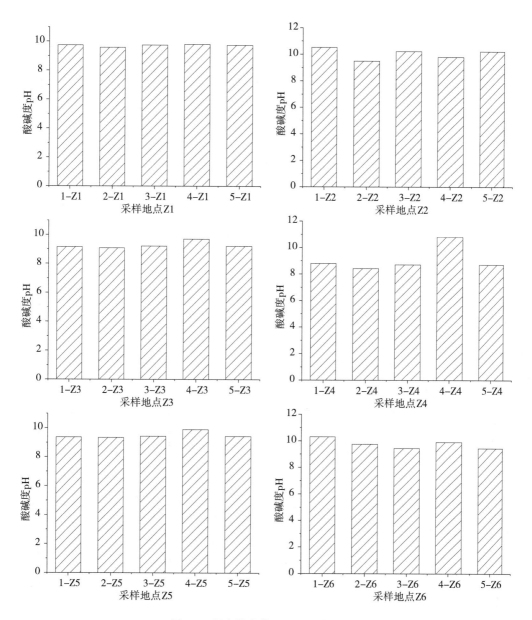

图 1-7　哲古错水体 pH 时空分布特征

八、总氮

　　哲古错总氮最大值出现在第 1 次采样的 Z1 站点，为 3.80mg/L；最小值出现在第 2 次采样的 Z5 站点，为 0.193mg/L。整体呈现稳定趋势，维持在 1.5mg/L 左右，春季总氮值变化较秋季大（图 1-9）。总体上 6 个站点波动均较大，Z3 站点整体稍低。

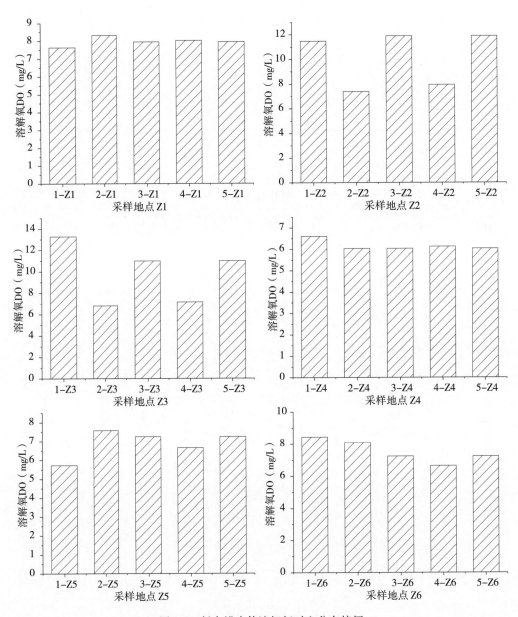

图 1-8　哲古错水体溶解氧时空分布特征

九、总磷

哲古错总磷最大值出现在第 3 次采样的 Z4 站点，为 1.3mg/L；最小值出现在第 1 次采样的 Z6 站点，为 0.011mg/L。总体上有逐年升高后稳定的趋势（图 1-10）。Z4 站点波动较大，其余各站点在一定范围内上下波动。

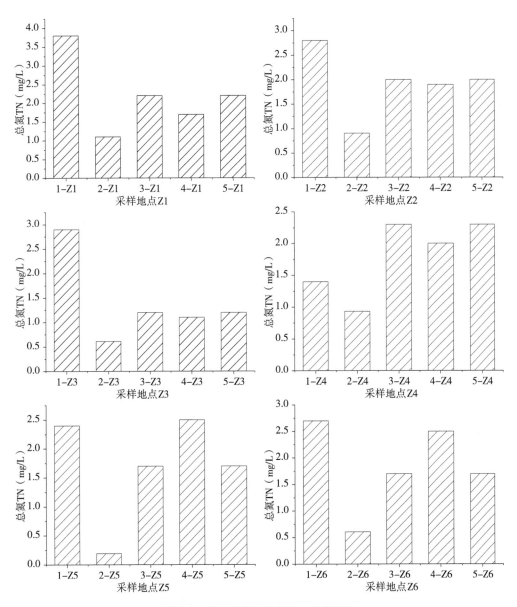

图 1-9　哲古错水体总氮时空分布特征

十、水化学调查主要结论

　　经过连续 5 次的定点采样，水质检测后，全部站点水质理化指标总体为枯水期（下称春季）平均水深为 0.15～0.24m，丰水期（下称秋季）平均水深为 0.74～0.95m，枯水期和丰水期水位变化表现出对应季节性变化较大的趋势。春、秋两季哲古错 6 个采样点的基本水质理化指标如表 1-2，表 1-3 所示。春季表层水温 10～20℃，受光照影响明显；秋季表层水温 10.2～13.2℃，较为稳定。pH 为 8.42～10.52mg/L，溶解氧为 6.03～

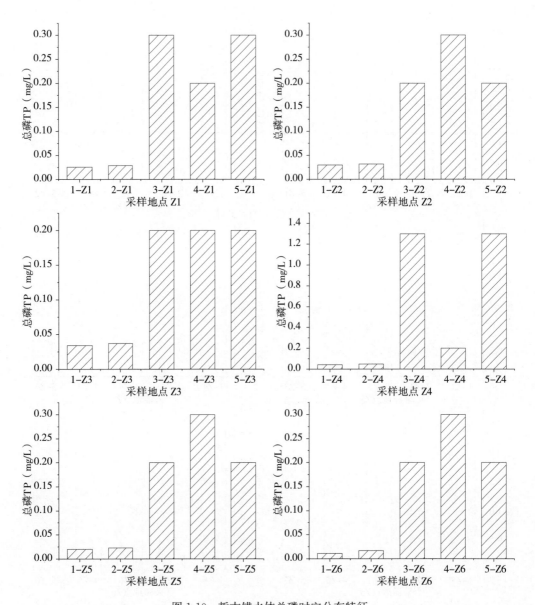

图 1-10 哲古错水体总磷时空分布特征

13.26mg/L，总磷为 0.011～0.049mg/L，均无明显季节差异。值得注意的是，哲古错盐度为 0.15～3.71，总氮为 0.193～3.80mg/L，表明哲古错水位、盐度、总氮季节性变化明显，直接受雨水、地表径流和蒸腾作用影响。除业久曲径流外，表现为春季水位浅、盐度高、总氮高；秋季水位高、盐度低、总氮低。

表1-2 哲古错春、秋两季各采样点水质理化指标（第1～4次调查）

时间	位点	深度(m)	温度(℃)	盐度	电导率(μS/cm)	透明度(m)	pH(mg/L)	溶解氧(mg/L)	总氮(mg/L)	总磷(mg/L)
春季（第1次采样）	Z1	0.2	16.6	3.71	2 336	0.12	9.74	7.64	3.8	0.026
	Z2	0.25	20.4	2.35	2 215	0.18	10.52	11.47	2.8	0.03
	Z3	0.1	13.2	0.71	1 586	0.6	9.16	13.26	2.9	0.034
	Z4	0.4	10	0.15	1 872	0.23	8.8	6.6	1.4	0.042
	Z5	0.2	15.9	0.56	2 315	0.11	9.37	5.73	2.4	0.02
	Z6	0.3	10.8	2.14	2 215	0.17	10.31	8.44	2.7	0.011
秋季（第2次采样）	Z1	0.92	12.3	0.72	2 398	0.65	9.58	8.32	1.106	0.029
	Z2	1	12.7	0.68	2 206	0.85	9.49	7.38	0.907	0.032
	Z3	0.9	13.2	0.46	2 156	0.55	9.08	6.8	0.612	0.037
	Z4	0.6	10.2	0.19	428	0.48	8.42	6.03	0.932	0.049
	Z5	0.9	12.4	0.46	2 056	0.78	9.34	7.57	0.193	0.023
	Z6	0.12	12.8	0.5	2 561	0.1	9.75	8.09	0.604	0.017
春季（第3次采样）	Z1	0.25	16.3	1.05	2 227	0.1	9.75	7.95	2.2	0.3
	Z2	0.05	20.8	0.97	2 116	0.05	10.22	11.88	2	0.2
	Z3	0.1	13.2	0.69	1 576	0.1	9.21	11	1.2	0.2
	Z4	0.2	10.1	0.81	1 812	0.12	8.71	6.03	2.3	1.3
	Z5	0.1	15.9	1.04	2 302	0.05	9.43	7.24	1.7	0.2
	Z6	0.2	10.8	1	2 123	0.13	8.62	7.48	1.9	0.2
秋季（第4次采样）	Z1	1.2	11	1.15	2 381	0.8	9.8	8.03	1.7	0.2
	Z2	0.7	13	1.06	2 115	0.6	9.8	7.95	1.9	0.3
	Z3	0.7	12.5	0.75	2 175	0.6	9.7	7.15	1.1	0.2
	Z4	0.2	4.2	0.18	430	0.2	10.8	6.12	2	0.2
	Z5	1.5	10	0.9	2 031	1.2	9.9	6.65	2.5	0.3
	Z6	1.7	11.4	1.15	2 507	1.2	10.2	7.05	1.6	1.1

表 1-3　哲古错春季各采样点水质理化指标（第 5 次调查）

理化指标	春季						
	Z1	Z2	Z3	Z4	Z5	Z6	湖中心
深度（m）	0.30	0.05	0.10	0.30	0.10	0.35	1.87
温度（℃）	16.6	21.4	12.2	10	15.9	10.8	13.7
盐度	1.05	0.97	0.69	0.81	1.04	1.00	1.8
电导率（μS/cm）	2 227	2 116	1 576	1 812	2 302	2 123	240
透明度（m）	0.10	0.05	0.10	0.12	0.05	0.13	0.34
pH	9.75	10.22	9.21	8.71	9.43	8.62	9.65
溶解氧（mg/L）	7.95	10.88	11.00	6.03	7.24	7.48	11.53
总氮（mg/L）	2.2	2.0	1.2	2.3	1.7	1.9	0.4
总磷（mg/L）	0.3	0.2	0.2	1.3	0.2	0.2	0.13

第四节　水环境时空异质性原因分析

一、聚类分析

结合调查检测的 9 项水化学指标，运用系统聚类分析对环湖 6 个站点水质指标进行聚类，处理个案 100%，判别水质特征影响因子和代表性参数。结果显示，聚为三类较符合哲古错实际水环境和水化学情况（图 1-11）。第一类，判别水质因子和代表性参数是电导率和温度；第二类，判别水质因子和代表性参数是盐度和深度；第三类，判别水质因子和代表性参数是 pH、透明度、总磷、总氮和溶解氧。具体表现如下：

第一类（C1）：以水温和电导率为代表的水质特征，受日照影响较大，被首先分类。C1 类占所有调查位次的 6.67%，如 2-Z4，4-Z4，即 Z4 站点的电导率和水温在第 2、4 次调查时水质指标与其他所有站点历次调查水质数据聚类距离较远，单独聚为一类。

第二类（C2）：判别水质因子和代表性参数是盐度和深度，受季节影响较大，在总体被分去 C1 类后剩余的个案聚为 C2、C3 两类。C2 类占所有调查站点的 20.00%，其中 C2 一类有 3-Z3、5-Z4 等，即 Z3、Z4 站点的盐度和深度在第 3、5 次调查时水质指标与其他所有站点历次调查水质数据聚类距离较远，单独聚为一类。

第三类（C3）：判别水质因子和代表性参数是 pH、透明度、总磷、总氮和溶解氧，C3 类占所有调查位次的 73.33%。总体而言，聚类结果和实测各个站点水质因子和代表性参数具有一致性，均提示哲古错是典型的内陆湖泊，且水温、水位受天气和季节影响极大，但各个站点营养因子、酸碱相关因子、溶解氧因子相近且稳定。由此可见，地表径流业久曲等周边融雪水对哲古错湖水有补充效果，但对该湖湖水水质指标影响不大。

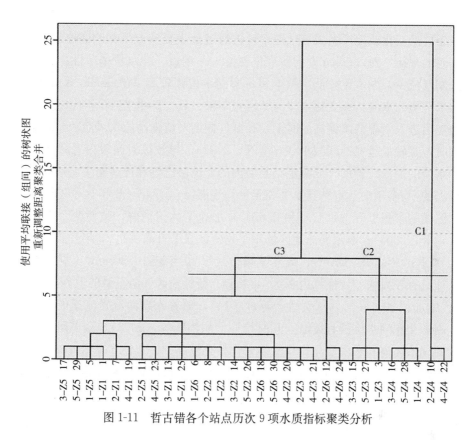

图 1-11　哲古错各个站点历次 9 项水质指标聚类分析

二、时空异质性原因

　　全世界最大的高原湖群之一分布在青藏高原，淡水资源充沛，占全国湖泊淡水总储量的 45.2%（洛桑·灵智多杰，2005；宁森和叶文虎，2009）。由于区内人口稀少，湖群受人为干扰较小，湖泊污染程度较轻，降水和地表径流是影响湖泊水量、水质变化的主要因素（施成熙，1989）。不同时期，气候条件变化引起降水量和地表径流量的改变，造成了湖泊的扩张或萎缩。本研究 5 次连续采样和水质检测数据显示，哲古错水质受人为因素干扰较小，湖泊污染程度低，水位受地表径流流量影响特别明显。类似结果在针对青海湖的研究中也可见。另外，由于湖泊水循环与气候变换关系密切，特别是像哲古错这样的高原内陆冰雪融水补给型湖泊，其水位与气温的变化相关性较高，主要通过气温影响融雪来影响地表径流量，最后导致湖泊水位相应变化，进而影响该湖泊水质指标。同样的结果也见于对青海湖的研究中，1959—1988 年，融冰期平均气温的升高和降水量的增加使青海湖水位呈显著上升趋势（马钮，1996）；1989—2004 年，气温上升和青海湖湖区水域面积下降呈现出明显的相关特征，该湖区水域面积缩小了约 129km² （冯钟葵和李晓辉，2006）。西藏羊卓雍错主要依靠降水补给，1975—2006 年，区域降水量的减少和湖面蒸发的增大造成湖泊水位不断降低，降幅达到 0.8m/年（边多等，2009）。与此同时，暖干化气候加速冰川消融退缩，以冰川融水为主要补给的湖泊呈现扩张和淡化的演化趋势（姜加虎和黄群，2005）。

气候条件的变化改变了雪山消融速率，再通过地表径流流量影响高原湖泊水质变化，似乎是普遍的规律。对 Vuoksi 湖的研究也支持这一观点，即水量季节性变化显著，春季和夏季入湖径流少，湖水位较低，秋季和冬季湖水位则较高（Veijalainen et al.，2010），哲古错的水环境和水质指标变化规律与其研究结果一致。20 世纪 80 年代以后，我国青藏高原各地先后进入气温持续偏高的时期，暖湿气候期对应强高原季风活动，降水量在逐年增大的同时，蒸发量也在不断减小（郑度等，2002），导致该时间段内青藏高原湖泊面积的增加和水位的加深。例如，西藏定结县境内的龙巴萨巴湖和皮达湖主要接受冰川融水补给，在过去的 50 多年中，定结县夏季和年平均气温以 0.034℃/年和 0.063℃/年的速率不断上升，温度的累积上升（1.87℃和 2.87℃）加速了冰川消融，致使两个湖泊湖盆已蓄满（丁永建等，2006）；西藏那曲地区的年平均气温显著升高（每 10 年升高 0.28 ℃）、降水量增加（每 10 年上升 11mm）、蒸发量减小（每 10 年减小 130mm），湖水位变化与气候变化特征具有较高的一致性（边多等，2006）。新疆地区气温呈微弱上升，降水较 20 世纪 80 年代增加了 20%～50%（贺晋云等，2011），随着入湖河流径流量的增加，博斯腾湖、艾丁湖和艾比湖水位具有逐渐上升的趋势（胡汝骥等，2002）。众多研究均肯定高原干旱地区的湖泊环境和水质变化均与气候变化具有较高的一致性，本研究针对哲古错水环境和水质的研究结果也符合和支持这一观点。因此，本次调查结果能客观地反映哲古错的水环境和水质实际情况，采用聚类分析的水环境时空异质性结果也能实际地反映哲古错的水环境时空异质性。

第二章

哲古错水生生物资源

第一节　调查方法

一、浮游生物

(一) 浮游植物

用 300 目的浮游生物网过滤 20L 水，得到浮游植物定量样品，用鲁哥氏液保存带回实验室，静置 48h 后浓缩。计数时，将浓缩样充分摇匀后吸取 0.1mL 置于计数框内，在 10×40 倍显微镜下观察，每片计数框有 10 行，每个样品计数 N 行，计数 2 次，取其平均值。两次计数结果与其平均数之差小于 10%，结果为有效，否则须计数第三片。浮游植物鉴定到种或属。

按照以下公式，对浮游植物进行定量分析：

$$浮游植物 = \frac{每片计数框行数}{每片观察的行数} \times \frac{n}{2} \times \frac{V_1}{V_2 \times V_3}$$

式中，n 表示两片计数框某种藻类的个数；V_1 表示浓缩样品的体积；V_2 表示取样样品体积；V_3 表示分析样品体积。

(二) 浮游动物

用 200 目的浮游生物网过滤 200L 水，得到浮游动物定量样品，用鲁哥氏液保存带回实验室，静置 48h 后浓缩。原生动物计数时，将浓缩样充分摇匀后吸取 1mL 置于计数框内，在 10×20 倍显微镜下观察，全片观察，每个样品计数 2 次。2 次计数结果与其平均数之差小于 10%，结果为有效，否则须计数第三片。对于轮虫类、枝角类、桡足类，则须对采集样品瓶全瓶观察并计数，根据相关参考文献，将浮游动物鉴定到种或属。

按照以下公式，对原生动物进行定量分析：

$$原生动物 = 两片计数框某个原生动物的个数 \times \frac{浓缩样品体积}{分析样品体积 \times 取样样品体积}$$

(三) 多样性指数

1. 浮游植物　使用物种丰富度 (species richness，SR)、总丰度 (total abundance，TA) 来判别哲古错中游浮游植物的多样性。

物种丰富度：某一采样点或者季节出现的物种个数。

总丰度：某一采样点或者季节单位体积出现的浮游植物个体数量（个/L）。

出现频率：某一浮游植物出现的样点数占所有调查样点数的百分比。

相对丰度：某一浮游植物个体数占所有物种个体数的百分比。

2. 浮游动物　使用香农指数、均匀度指数、物种丰富度、总丰度、浮游动物生物量来判别哲古错浮游动物的多样性。计算方法参考浮游植物。

二、底栖动物

（一）采集方法

用面积 0.025m² 的改良彼得森采集器，每个采样点采底泥 2 次。

（二）样本处理

（1）洗涤　用 40 目分样铜筛对所采底泥样进行筛洗，对石砾底质的河流上游用三角拖网进行采样。

（2）挑选与固定　参照《内陆水域渔业资源调查手册》，首先将软体动物与其他底栖生物分开，分别用 8% 的福尔马林（3% 甲醛）杀死、固定 24h 后再移入 75% 的酒精中保存。

（三）定性定量分析

利用 MOTIC 解剖镜和显微镜下鉴定种类、分类统计。底栖动物湿重测定是将标本用吸水纸吸去表面水分后，用 AB204-N 电子天平称重，精确到 0.000 1g，获得的数据换算成种群密度（个/m²）和生物量（g/m²）。

第二节　浮游植物

一、浮游植物种类组成及优势种

哲古错共检测出浮游植物 6 门 25 科 41 属（表 2-1），包括硅藻门、绿藻门、蓝藻门、隐藻门、裸藻门、黄藻门。其中硅藻门 8 科 20 属，绿藻门 11 科 14 属，蓝藻门 3 科 4 属，隐藻门 1 科 1 属，裸藻门 1 科 1 属，黄藻门 1 科 1 属，硅藻为优势种。

以浮游植物的出现频率为定义优势种的标准，将 90% 以上的定为优势种，如表 2-1 所示，哲古错浮游植物优势类群以硅藻为主，包括脆杆藻科的针杆藻、舟形藻科的舟形藻以及菱板藻科的菱形藻，表 2-2 表明这三种硅藻相对丰度之和达 36.78%。

表 2-1　西藏哲古错浮游植物出现频率（%）

门	科	属	出现频率
硅藻门 (Bacillariophyta)	脆杆藻科 (Fragilariaceae)	针杆藻属 (*Synedra*)	100.00
		平板藻属 (*Tabellaria*)	41.67

（续）

门	科	属	出现频率
	舟形藻科 (Naviculaceae)	羽纹藻属 (*Pinnularia*)	16.67
		长篦藻属 (*Neidium*)	33.33
		舟形藻属 (*Navicula*)	100.00
		辐节藻属 (*Stauroneis*)	16.67
		布纹藻属 (*Gyrosigma*)	50.00
	桥弯藻科 (Cymbellaceae)	双眉藻属 (*Amphora*)	16.67
		桥弯藻属 (*Cymbella*)	33.33
	菱板藻科 (Nitzschiaceae)	菱形藻属 (*Nitzschia*)	100.00
		双菱藻属 (*Surirella*)	25.00
		波缘藻属 (*Cymatopleura*)	16.67
		菱板藻属 (*Amphioxys*)	8.33
	圆筛科 (Coscinodiscaceae)	小环藻属 (*Cyclotella*)	16.67
		直链藻属 (*Melosira*)	8.33
	曲壳藻科 (Achnanthaceae)	曲壳藻属 (*Achnanthes*)	8.33
	等片藻科 (Diatomaxeae)	星杆藻属 (*Asterionella*)	8.33
		脆杆藻属 (*Fragilaria*)	25.00
	直链藻科 (Melosiraceae)	直链藻属 (*Melosira*)	8.33
绿藻门 (Chlorophyta)	栅藻科 (Scenedsmaceae)	十字藻属 (*Crucigenia*)	8.33
		栅藻属 (*Scenedesmus*)	33.33
	衣藻科 (Chlamydomonadaceae)	衣藻属 (*Chlamydomonas*)	66.67

（续）

门	科	属	出现频率
	双星藻科（Zygnemataceae）	中带藻属（*Mesotaeniaceae*）	16.67
		水绵属（*Spirogyra*）	33.33
	绿球藻属（Chlorococcacea）	多芒藻属（*Golenkinia*）	8.33
	四集藻科（Palmellaceae）	球囊藻属（*Sphaerocysti*）	8.33
	鼓藻科（Desmidiaceae）	新月藻属（*Closterium*）	58.33
		鼓藻属（*Cosmarium*）	33.33
	卵囊藻科（Oocystaceae）	联藻属（*Quadrigula*）	16.67
		浮球藻属（*Planktosphaeria*）	16.67
	丝藻科（Ulotrichaceae）	胶丝藻属（*Gloeotila*）	41.67
	团藻科（Volvocaceae）	盘藻属（*Gonium*）	8.33
	小球藻科（Chlorellaceae）	小球藻属（*Chlorella*）	8.33
蓝藻门（Cyanophyta）	颤藻科（Osicillatoriaceae）	颤藻属（*Oscillatoriales*）	8.33
	色球藻科（Chroococcaceae）	色球藻属（*Chroococcus*）	8.33
		微囊藻属（*Microcystis*）	33.33
	念珠藻科（Nostocaceae）	念珠藻属（*Nostoc*）	8.33
隐藻门（Cryptophyta）	隐鞭藻科（Cryptmonadaceae）	隐藻属（*Cryptomonas*）	41.67
裸藻门（Euglenophyta）	裸藻科（Euglenaceae）	裸藻属（*Euglena*）	8.33
黄藻门（Xanthophyta）	黄管藻科（Ophiocytiaceae）	黄管藻属（*Ophiocytium*）	8.33

表 2-2　西藏哲古错浮游植物相对丰度

门	科	属	Z1		Z2		Z3		Z4		Z5		Z6	
			A(%)	S(个)	A(%)	S(个)	A(%)	S(个)	A(%)	S(个)	A(%)	S(个)	A(%)	S(个)
硅藻门（Bacillariophyta）	脆杆藻科（Fragilariaceae）	针杆藻属（Synedra）	1.39	0.33	1.12	0.50	2.27	0.71	0.82	0.86	1.16	0.76	2.43	1.05
		平板藻属（Tabellaria）	0.23	—	—	—	—	0.16	—	0.17	—	0.19	—	0.19
	舟形藻科（Naviculaceae）	羽纹藻属（Pinnularia）	—	0.33	0.19	—	—	—	—	—	—	—	—	—
		长篦藻属（Neidium）	—	0.16	—	—	0.85	—	—	0.09	—	—	—	0.19
		舟形藻属（Navicula）	0.23	0.33	0.47	0.59	4.54	0.24	0.55	0.52	1.55	0.28	1.28	0.38
		辐节藻属（Stauroneis）	—	—	—	—	—	—	—	0.09	—	—	0.26	—
		布纹藻属（Gyrosigma）	—	—	—	0.17	2.84	—	—	0.26	0.90	—	0.38	0.29
	桥弯藻科（Cymbellaceae）	双眉藻属（Amphora）	—	0.16	—	—	—	—	—	—	—	0.19	—	—
		桥弯藻属（Cymbella）	—	0.49	0.34	—	—	—	—	0.52	—	—	—	0.19
	菱板藻科（Nitzschiaceae）	菱形藻属（Nitzschia）	1.85	0.33	1.03	0.67	2.41	0.32	0.27	0.95	1.16	0.38	3.33	0.67
		双菱藻属（Surirella）	—	—	—	0.17	—	—	—	—	1.55	—	2.56	—
		波缘藻属（Cymatopleura）	—	0.25	0.09	—	—	—	—	—	—	—	—	—
		菱板藻属（Amphioxys）	—	—	0.42	—	—	—	—	—	—	—	—	—

（续）

门	科	属	Z1 A(%)	Z1 S(个)	Z2 A(%)	Z2 S(个)	Z3 A(%)	Z3 S(个)	Z4 A(%)	Z4 S(个)	Z5 A(%)	Z5 S(个)	Z6 A(%)	Z6 S(个)
	圆筛科(Coscinodiscaceae)	小环藻属(Cyclotella)	—	—	—	—	0.28	—	—	—	—	—	2.56	—
		直链藻属(Melosira)	—	—	—	—	—	—	—	—	—	—	—	—
	曲壳藻科(Achnanthaceae)	曲壳藻属(Achnanthes)	—	—	—	0.34	—	—	—	—	—	—	—	—
	等片藻科(Diatomaxeae)	星杆藻属(Asterionella)	—	—	—	—	—	0.16	—	—	—	—	—	—
		脆杆藻属(Fragilaria)	—	—	—	0.17	—	—	—	0.34	—	—	—	0.29
	直链藻科(Melosiraceae)	直链藻属(Melosira)	—	—	—	—	—	—	—	—	—	—	2.45	—
绿藻门(Chlorophyta)	栅藻科(Scenedesmaceae)	十字藻属(Crucigenia)	—	—	0.18	—	—	—	—	—	—	—	—	—
		栅藻属(Scenedesmus)	—	—	0.19	—	0.28	0.08	—	—	—	—	0.26	—
	衣藻科(Chlamydomonadaceae)	衣藻属(Chlamydomonas)	0.46	0.16	0.37	—	1.98	0.32	0.55	—	—	—	1.54	0.10
	双星藻科(Zygnemataceae)	水绵属(Spirogyra)	—	0.16	—	—	—	—	—	0.17	—	—	—	—
		中带藻属(Mesotaeniaceae)	3.23	—	0.09	—	0.85	—	—	—	—	0.09	—	—
	绿球藻属(Chlorococcacea)	多芒藻属(Golenkinia)	—	—	—	0.50	—	—	—	—	—	—	—	—
	四集藻科(Palmellaceae)	球嚢藻属(Sphaerocysti)	0.37	—	0.37	—	—	—	—	—	—	—	—	—
	鼓藻科(Desmidiaceae)	新月藻属(Closterium)	0.23	0.16	0.28	—	0.28	0.16	—	—	0.52	—	1.28	—

25

（续）

门	科	属	Z1 A(%)	Z1 S(个)	Z2 A(%)	Z2 S(个)	Z3 A(%)	Z3 S(个)	Z4 A(%)	Z4 S(个)	Z5 A(%)	Z5 S(个)	Z6 A(%)	Z6 S(个)
		鼓藻属 (*Cosmarium*)	0.23	—	0.28	—	0.57	—	—	—	0.65	—	—	—
	卵囊藻科 (Oocystaceae)	联藻属 (*Quadrigula*)	—	—	0.09	—	—	—	—	—	—	—	0.26	—
		浮球藻属 (*Planktosphaeria*)	—	—	0.47	—	—	—	1.09	—	—	—	—	—
	丝藻科 (Ulotrichaceae)	胶丝藻属 (*Gloeotila*)	1.85	—	0.09	—	1.98	—	0.55	—	—	—	0.64	—
	团藻科 (Volvocaceae)	盘藻属 (*Gonium*)	—	—	—	—	—	—	—	—	—	—	0.26	—
	小球藻科 (Chlorellaceae)	小球藻属 (*Chlorella*)	—	—	—	—	0.57	—	—	—	—	—	—	—
蓝藻门 (Cyanophyta)	颤藻科 (Osicillatoriaceae)	颤藻属 (*Oscillatoriales*)	—	—	0.19	—	—	—	—	—	—	—	—	—
	色球藻科 (Chroococcaceae)	色球藻属 (*Chroococcus*)	—	—	0.28	—	—	—	—	—	—	—	—	—
		微囊藻属 (*Microcystis*)	—	—	0.93	0.34	0.99	—	1.37	—	—	—	—	—
	念珠藻科 (Nostocaceae)	念珠藻属 (*Nostoc*)	—	—	—	—	—	—	—	—	—	—	1.28	—
隐藻门 (Cryptophyta)	隐鞭藻科 (Cryptmonadaceae)	隐藻属 (*Cryptomonas*)	0.92	—	1.68	—	—	—	1.23	—	2.20	—	1.79	—
裸藻门 (Euglenophyta)	裸藻科 (Euglenaceae)	裸藻属 (*Euglena*)	—	—	—	—	—	—	—	—	—	0.19	—	—
黄藻门 (Xanthophyta)	黄管藻科 (Ophiocytiaceae)	黄管藻属 (*Ophiocytium*)	—	—	—	—	—	0.39	—	—	—	—	—	—

注：A代表相对丰度，指某一浮游植物在同一采样区域3个采样点总丰度占所有物种个体数在同一采样点的百分比；S表示浮游植物种种数。

二、哲古错浮游植物时空变化特征

哲古错浮游植物丰度总体表现为春季大于秋季（图 2-1）。其中 Z1 站点、Z3 站点及 Z6 站点表现较为明显，这可能与哲古错水深有关。6 月雨季开始持续到 8 月，哲古湖水量增大，从而使得浮游植物密度减小。

各点之间比较发现，Z4 站点浮游植物密度最低，因为 Z4 站点是河流入湖口，水流量较大，且多为冰雪融水，所以浮游植物较少；而 Z3 站点、Z5 站点及 Z6 站点浮游植物较多，这几点的交叉位置恰好是高原裸鲤与拉萨裸裂尻鱼活动区域。整体而言，哲古错属于贫营养水体。

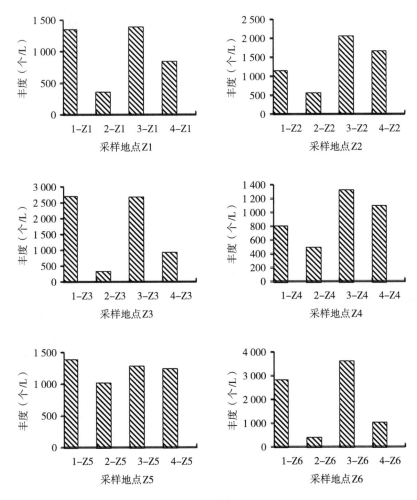

图 2-1　哲古错各站点的浮游植物丰度变化

三、着生藻类种类组成及优势种

如表 2-3 所示，哲古错共检出着生藻类 5 门 22 科 35 属。其中硅藻门 8 科 19 属，绿藻门10科12属，蓝藻门2科2属，隐藻门1科1属，裸藻门1科1属，硅藻门为优势种。

表 2-3　西藏哲古错着生藻类种类组成

门	科	属
硅藻门 (Bacillariophyta)	脆杆藻科 (Fragilariaceae)	针杆藻属 (*Synedra*)
		平板藻属 (*Tabellaria*)
	舟形藻科 (Naviculaceae)	羽纹藻属 (*Pinnularia*)
		长蓖藻属 (*Neidium*)
		舟形藻属 (*Navicula*)
		辐节藻属 (*Stauroneis*)
		布纹藻属 (*Gyrosigma*)
	桥弯藻科 (Cymbellacea)	双眉藻属 (*Amphora*)
		桥弯藻属 (*Cymbella*)
	菱板藻科 (Nitzschiaceae)	菱形藻属 (*Nitzschia*)
		双菱藻属 (*Surirella*)
		波缘藻属 (*Cymatopleura*)
		菱板藻属 (*Amphioxys*)
	圆筛科 (Coscinodiscaceae)	小环藻属 (*Cyclotella*)
		直链藻属 (*Melosira*)
	曲壳藻科 (Achnanthaceae)	曲壳藻属 (*Achnanthes*)
	等片藻科 (Diatomaxeae)	星杆藻属 (*Asterionella*)

（续）

门	科	属
		脆杆藻属 （*Fragilaria*）
	直链藻科 （Melosiraceae）	直链藻属 （*Melosira*）
绿藻门 （Chlorophyta）	栅藻科 （Scenedsmaceae）	十字藻属 （*Crucigenia*）
		栅藻属 （*Scenedesmus*）
	衣藻科 （Chlamydomonadaceae）	衣藻属 （*Chlamydomonas*）
	双星藻科 （Zygnemataceae）	中带藻属 （*Mesotaeniaceae*）
	绿球藻 （Chlorococcacea）	多芒藻属 （*Golenkinia*）
	四集藻科 （Palmellaceae）	球囊藻属 （*Sphaerocysti*）
	鼓藻科 （Desmidiaceae）	新月藻属 （*Closterium*）
		鼓藻属 （*Cosmarium*）
	卵囊藻科 （Oocystaceae）	联藻属 （*Quadrigula*）
	丝藻科 （Ulotrichaceae）	胶丝藻属 （*Gloeotila*）
	团藻科 （Volvocaceae）	盘藻属 （*Gonium*）
	小球藻科 （Chlorellaceae）	小球藻属 （*Chlorella*）
蓝藻门 （Cyanophyta）	颤藻科 （Osicillatoriaceae）	颤藻属 （*Oscillatoriales*）
	色球藻科 （Chroococcaceae）	色球藻属 （*Chroococcus*）
隐藻门 （Cryptophyta）	隐鞭藻科 （Cryptmonadaceae）	隐藻属 （*Cryptomonas*）
裸藻门 （Euglenophyta）	裸藻科 （Euglenaceae）	裸藻属 （*Euglena*）

第三节　浮游动物

一、浮游动物种类组成及优势种

在哲古错观察到的浮游动物共3类（表2-4及表2-5），分别为轮虫类4科8属，枝角类4科7属，桡足类5科8属，其中轮虫和枝角类为优势种。

表2-4　西藏哲古错湖浮游动物出现频率（％）

类	目	科	属	出现频率
轮虫类	单巢目 (Monogononta)	臂尾轮科 (Brachionidae)	臂尾轮虫属 (*Brachionus*)	66.67
			鞍甲轮属 (*Lepadella*)	8.33
			狭甲轮属 (*Collurella*)	8.33
			平甲轮属 (*Playias*)	25.00
			龟甲轮属 (*Keratella*)	25.00
		晶囊轮科 (Asplanchnidae)	囊足轮属 (*Asplanchnopus*)	8.33
			晶囊轮属 (*Asplanchna*)	8.33
		疣毛轮科 (Synchaetidae)	疣毛轮属 (*Synchaeta*)	8.33
		棘管轮科 (Mytilinidae)	棘管轮属 (*Mucronata*)	16.67
		鼠轮科 (Trichocercidae)	异尾轮虫属 (*Trichocerca*)	16.67
枝角类	双甲目 (Diplostraca)	盘肠溞科 (Chydoridae)	尖额溞属 (*Alona*)	33.33
			锐额溞属 (*Alomella*)	75.00
			盘肠溞属 (*Alona*)	41.67

（续）

类	目	科	属	出现频率
			平直溞属 （*Pleuroxus*）	16.67
		象鼻溞科 （Bosminidae）	象鼻溞属 （*Bosmina*）	16.67
			网纹溞属 （*Cariodaphnia*）	8.33
桡足类	猛水蚤目 （Harpacticoida）	阿玛猛水蚤科 （Ameiridae）	美丽猛水蚤属 （*Nitocra*）	8.33
		猛水蚤科 （Harpactidae）	拟猛水蚤属 （*Harpacticella*）	25.00
	剑水蚤目 （Cyclopoidea）	剑水蚤科 （Cyclopidae）	中剑水蚤属 （*Mesocyclops*）	8.33
			剑水蚤属 （*Cyclops*）	41.67
			大剑水蚤属 （*Macrocyclops*）	25.00
			长腹剑水蚤属 （*Oithona*）	8.33
	哲水蚤目 （Calanoida）	哲水蚤科 （Calanidae）	华哲水蚤属 （*Sinocalanus*）	25.00
		镖水蚤科 （Diaptomidae）	中镖水蚤属 （*Sinodiaptomus*）	8.33
			原镖水蚤属 （*Eodiaptomus*）	8.33
			指镖水蚤属 （*Acanthodiaptomus*）	25.00

表2-5　西藏哲古错浮游动物相对丰度

类	门	科	属	Z1 A(%)	Z1 S(个)	Z2 A(%)	Z2 S(个)	Z3 A(%)	Z3 S(个)	Z4 A(%)	Z4 S(个)	Z5 A(%)	Z5 S(个)	Z6 A(%)	Z6 S(个)
轮虫	单巢目	臂尾轮科 (Brachionidae)	臂尾轮虫属 (Brachionus)	0.21	0.91	0.47	—	—	0.94	—	—	1.05	0.86	0.17	1.13
			鞍甲轮属 (Lepadella)	—	—	0.47	—	—	—	—	—	—	—	—	—
			狭甲轮属 (Collurella)	—	—	—	—	—	—	—	—	1.47	—	—	—
			平甲轮属 (Playias)	—	0.88	—	0.90	—	—	—	0.68	—	—	—	—
			龟甲轮属 (Keratella)	—	—	—	—	—	0.96	—	0.23	—	—	—	0.23
		晶囊轮科 (Asplanchnidae)	囊足轮属 (Asplanchnopus)	0.14	—	—	—	—	—	—	—	—	—	—	—
			晶囊轮属 (Asplanchna)	0.42	—	—	—	—	—	—	—	—	—	—	—
		疣毛轮科 (Synchaetidae)	疣毛轮属 (Synchaeta)	0.42	—	—	—	—	—	—	—	—	—	—	—
		棘管轮科 (Mytilinidae)	棘管轮属 (Mucronata)	—	—	0.23	—	—	—	—	—	—	—	—	—
		鼠轮科 (Trichocercidae)	异尾轮虫属 (Trichocerca)	—	—	—	0.96	—	—	—	—	—	—	1.56	0.23
枝角类	双甲目	盘肠溞科 (Chydoridae)	尖额溞属 (Aloma)	—	—	—	—	0.96	—	0.11	1.87	—	—	—	2.26
			锐额溞属 (Alomella)	1.08	7.28	4.26	—	1.17	5.64	—	—	2.68	0.29	1.47	0.45
			盘肠溞属 (Aloma)	2.12	—	0.13	—	—	—	0.18	—	1.53	0.25	—	—

（续）

类	门	科	属	Z1 A(%)	Z1 S(个)	Z2 A(%)	Z2 S(个)	Z3 A(%)	Z3 S(个)	Z4 A(%)	Z4 S(个)	Z5 A(%)	Z5 S(个)	Z6 A(%)	Z6 S(个)
			平直溞属（Pleuroxus）	0.23	—	—	—	—	—	—	—	—	—	—	—
		象鼻溞科（Bosminidae）	象鼻溞属（Bosmina）	—	—	—	—	0.96	—	0.39	—	—	—	1.17	—
			网纹溞属（Cariodaphnia）	—	—	0.47	—	—	—	—	—	—	—	—	—
桡足类	猛水蚤目	阿玛猛水蚤科（Ameiridae）	美丽猛水蚤属（Nitocra）	—	—	—	—	1.56	—	—	—	—	—	—	—
		猛水蚤科（Harpactidae）	拟猛水蚤属（Harpacticella）	—	—	—	—	2.89	—	1.36	—	1.44	—	—	—
	剑水蚤目	剑水蚤科（Cyclopidae）	中剑水蚤属（Mesocyclops）	—	—	0.90	—	—	—	—	—	—	—	—	—
			剑水蚤属（Cyclops）	0.64	—	0.47	—	2.04	—	0.13	—	1.26	—	—	—
			大剑水蚤属（Macrocyclops）	—	—	4.82	—	—	—	0.94	—	—	—	0.68	—
			长腹剑水蚤属（Oithona）	—	—	1.07	—	—	—	—	—	—	—	—	—
	哲水蚤目	镖水蚤科（Diaptomidae）	中镖水蚤属（Sinodiaptomus）	—	—	6.75	—	—	—	—	—	—	—	—	—
			原镖剑水蚤属（Eodiaptomus）	—	—	3.86	—	—	—	—	—	—	—	—	—
			指镖水蚤属（Acanthodiaptomus）	—	—	0.94	—	—	—	1.87	—	1.44	—	—	—
		胸刺水蚤科（Centropagidae）	华哲水蚤属（Sinocalanus）	—	—	—	—	—	—	—	—	2.02	—	0.45	—

注：A代表相对丰度，指某一浮游动物在同一采样区域3个采样点所有物种总丰度占同一采样区域3个采样点的百分比；S表示浮游动物种类数。

二、哲古错浮游动物时空变化特征

如图 2-2 所示，哲古错浮游动物总丰度最大值出现在春季的 Z2 站点，为 18.67 个/L；总丰度最小值出现在秋季的 Z4 站点，为 1.84 个/L。整体上，哲古错浮游动物呈递减趋势，变化较为明显。

各点之间比较发现，Z4 站点浮游动物密度最低，因为 Z4 站点是河流入湖口，水流量较大，且多为冰雪融水，所以浮游动物较少；而 Z2 站点浮游动物密度最高，这可能与其水质与底质营养较为丰富有关。但整体而言，哲古错仍属于贫营养水体。

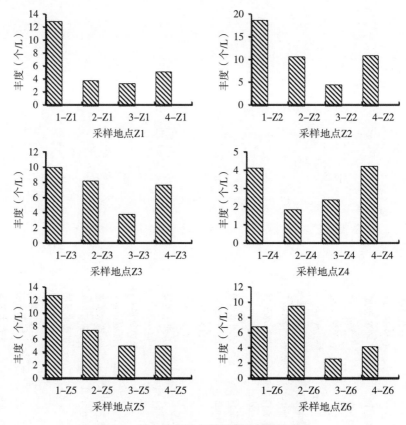

图 2-2　哲古错各站点的浮游动物丰度变化

第四节　底栖动物

一、底栖动物定性分析

采用定性定量相结合的方法，利用物种丰富度和生物量对哲古错底栖群落进行分析。如表 2-6 所示，5 月的采样共捕获 5 种底栖生物，分别隶属于节肢动物门、软体动物门和环节动物门，共 4 纲 5 科 5 属；种类比较少，生物量低。如表 2-7 所示，9 月的采样共捕获 5 种底栖生物，分别属于节肢动物门和环节动物门，共 3 纲 5 科 5 属。对该湖泊底栖生物进行定性分析数据表明，该湖泊底栖生物种类少。

表 2-6　春季底栖动物定性分析

门纲	种属
节肢动物门 （Arthropoda）	羽摇蚊幼虫 （*Chironomus plumosus*）
	蚌虫 （Clam shrimp）
环节动物门 （Annelida）	霍甫水丝蚓 （*Limnodrilus hoffmeisteri* Claparède）
软体动物门 （Mollusca）	折叠萝卜螺 （*Radix plicatula*）
	白旋螺 （Hutton）

表 2-7　秋季底栖动物定性分析

门纲	种属
节肢动物门 （Arthropoda）	羽摇蚊幼虫 （*Chironomus plumosus*）
	松藻虫 （Backswimmers）
	龙虱 （Diving beetle）
环节动物门 （Annelida）	霍甫水丝蚓 （*Limnodrilus hoffmeisteri* Claparède）

二、底栖动物定量分析

如表 2-8 及表 2-9 所示，哲古错底栖生物种类以羽摇蚊幼虫为优势种，但总体而言底栖生物生物量低。哲古错中底栖动物生物密度最小值出现在秋季 Z1 站点（4 个/m^2），最大值出现在春季 Z2 站点（296 个/m^2）。总体而言，春季生物密度远高于秋季。

表 2-8　春季底栖动物定量分析

采样点	种属	生物密度（个/m^2）	生物量（g/m^2）
Z1	蚌虫 （Clam shrimp）	43	0.001 5
	羽摇蚊幼虫 （*Chironomus plumosus*）	156	0.311 5
Z2	蚌虫 （Clam shrimp）	268	0.009 5
	羽摇蚊幼虫 （*Chironomus plumosus*）	28	0.015 0

（续）

采样点	种属	生物密度（个/m²）	生物量（g/m²）
Z3	霍甫水丝蚓 (*Limnodrilus hoffmeisteri* Claparède)	1.5	0.001 5
	羽摇蚊幼虫 (*Chironomus plumosus*)	20	0.001 0
	折叠萝卜螺 (*Radix plicatula*)	0.5	0.013 5
Z4	白旋螺 (Hutton)	0.5	0.006 5
	折叠萝卜螺 (*Radix plicatula*)	1	0.065 0
	霍甫水丝蚓 (*Limnodrilus hoffmeisteri* Claparède)	85	0.015 0
Z5	霍甫水丝蚓 (*Limnodrilus hoffmeisteri* Claparède)	192	0.128 0
Z6	羽摇蚊幼虫 (*Chironomus plumosus*)	14	0.001 5

表 2-9　秋季底栖动物定量分析

采样点	种属	生物密度（个/m²）	生物量（g/m²）
Z1	羽摇蚊幼虫 (*Chironomus plumosus*)	1	0.0001
	霍甫水丝蚓 (*Limnodrilus hoffmeisteri* Claparède)	3	0.0029
Z2	羽摇蚊幼虫 (*Chironomus plumosus*)	4.5	0.0019
	松藻虫 (Backswimmers)	0.5	0.0062
Z3	羽摇蚊幼虫 (*Chironomus plumosus*)	10.5	0.0011
Z4	羽摇蚊幼虫 (*Chironomus plumosus*)	25	0.0029
Z5	羽摇蚊幼虫 (*Chironomus plumosus*)	3	0.0129
Z6	松藻虫 (Backswimmers)	28.5	0.2987
	龙虱 (Diving beetle)	2.5	0.0172
	羽摇蚊幼虫 (*Chironomus plumosus*)	2.5	0.0010

第三章

哲古错高原裸鲤生物学特征

裸鲤属（*Gymnocypris*）是随着青藏高原的隆升而出现，并随着高原的急剧抬升而特化的类群（陈宜瑜等，1996），因其可以适应青藏高原多样的湖泊生态环境，个体相对较大，是青藏高原主要的经济鱼类，在高原生态系统中占有重要地位（杨汉运等，2011）。有关裸鲤属鱼类的生物学研究较少，且大多集中在青海湖裸鲤，包含了裸鲤属鱼类年龄与生长特性、繁殖特性和种群动态研究等生物学内容。陈大庆等（2006）研究了青海湖裸鲤的生长特性，结果显示，其表观生长指数为 4.355（♀）、4.393（♂），拐点年龄分别为 12.57 龄（♀）、18.67 龄（♂），说明其生长速度较慢，且寿命较长。谢振辉等（2020）对青海湖裸鲤繁殖特性进行研究发现，其雌雄比为 1.95：1，相对繁殖力为 49.91 粒/g，繁殖能力较弱。刘军（2005）对青海湖裸鲤生活史类型进行研究，结果表明，青海湖裸鲤属于典型的 *k*-选择类型鱼类。对于高原裸鲤，仅杨汉运等（2011）对其繁殖特性进行过研究。

　　高原裸鲤（*G. waddelli*）隶属于鲤科（Cyprinidae）、裂腹鱼亚科（Schizothoracinae）、裸鲤属（*Gymnocypris*）。高原裸鲤体延长，侧扁，头锥形，吻钝圆。口端位，上下颌等长，下颌前缘无锐利角质。下唇窄，分左、右两侧叶，唇后沟中断，无须。除臀鳞和肩带部分有少数不规则鳞片，体表其他部分裸露无鳞。背鳍刺弱，其后侧的下半部较硬，且具细小锯齿。背鳍起点至吻端的距离小于至尾柄基部的距离。腹鳍起点与背鳍第 4～5 根分支鳍条相对，极少数与第 3 根分支鳍条相对。下咽骨狭长，下咽齿 2 行，细圆，顶端尖而有钩曲，咀嚼面呈匙状，鳔 2 室，后室为前室的 2.0～2.5 倍。腹膜黑色。体背黑褐色，侧线以下至腹部浅白色，头部背侧、背鳍及尾鳍上具有很多小斑点（图 3-1）。

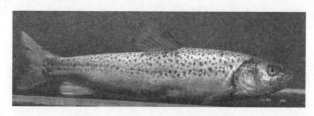

图 3-1　采自于哲古错的高原裸鲤

　　哲古错是藏南外流-内陆湖区中典型的内流湖，受气候和海拔的影响，其水域环境较为恶劣，生态环境较为脆弱，很容易受到气候变化和人类活动的影响。哲古错作为内流湖，业久曲是其最主要的入湖河流，但该河上游是哲古镇，是该区域少有的人类聚集区，它为当地居民提供了生活、畜牧用水，导致入湖流量减少，再加上近年来藏南地区降水较少，使得哲古错湖面缩小现象明显。高原裸鲤是青藏高原重要的经济鱼类之一，由于西藏经济发展，人民生活水平提高，需求量随之上升，使得高原裸鲤资源量不断下降，2016年，高原裸鲤已被列入《中国脊椎动物红色名录》，属于"易危"等级（蒋志刚等，2016），开展高原裸鲤资源保护工作刻不容缓。然而，关于裸鲤属的研究大多集中于青海湖裸鲤，还没有学者对哲古错高原裸鲤进行过系统的生物学研究。因此，有必要进行高原裸鲤的研究以及其基础数据的积累，通过掌握其年龄结构、生长特性和繁殖特性来初步评估哲古错高原裸鲤种群动态特征，旨在探究哲古错高原裸鲤年龄、生长、繁殖和种群生态学特性，以初步掌握哲古错高原裸鲤种群资源量和数量变化规律，为高原裸鲤资源保护和合理开发利用提供理论基础和参考资料，也为脆弱的藏南内流湖泊生态系统保护提供基础支撑。

第一节　年龄结构与生长特性

高原裸鲤样本采集工作于 2017—2019 年在西藏哲古错 6 个位点开展，共采集 400 尾，使用的工具为规格 100m×1m 的刺网，采集当天即进行解剖。对所采集的样本进行编号，对所有样本的体长、体重分别进行测量并记录，体长精确到 0.1cm，体重精确到 0.1g。对所记录的样本的体长、体重数据进行处理，分别绘制体长、体重分布的直方图；通过处理结果得出采集的高原裸鲤体长及体重的最大值与最小值、体长及体重分布的主要区间，以及优势体长组、体重组占总数的比例等；对体长与体重数据作回归方程，并拟合曲线，分析二者的相关关系。

对于高原裸鲤来说，选择耳石作为其年龄鉴定材料是最为合适且可靠的。研究表明，耳石具有持续生长的特点，而且不易被重新吸收（熊飞等，2006）。耳石处在鱼的内耳，受到头部外骨骼的保护，这也保障了其完整的形态与生长的一致性，且在高龄个体中耳石比其他骨质材料生长更快，能更真实地反映年龄状况（吕大伟等，2018）。在解剖高原裸鲤时便将各样本的微耳石取出，置于离心管中，做好标记。进行年龄鉴定时，因不同时期生长速度的差异，耳石表面会呈现出较窄的透明带和较宽的不透明带的间隔排布，这两者的分界处就是年轮（霍斌，2014）。耳石年轮在计数时，若第 1 个年轮未形成或刚形成，即为 1 龄；若第 1 个年轮外有新轮形成或第 2 个年轮刚形成，即为 2 龄；以此类推来对所有材料进行计数与鉴定。将所有样本的年龄鉴定结果记录并整理，绘制年龄分布图，得到其最大与最小年龄、优势年龄组等，进而描述其年龄结构与年龄特征。

以上数据均采用 Excel 2010 与 SPSS19.0 进行整理、分析和图表绘制。相关关系式或方程式如下：

（1）体长-体重关系式

$$W=aL^b$$

式中，W 表示体重（g）；a 表示系数；L 表示体长（mm）；b 表示体长-体重关系式指数（幂指数）。

（2）生长方程与生长特征　von Bertalanffy 生长方程标准公式：

$$L_t=L_\infty\left[1-e^{-k(t-t_0)}\right]$$

$$W_t=W_\infty\left[1-e^{-k(t-t_0)}\right]^b$$

式中，t 表示年龄；L_t 和 W_t 分别表示 t 龄时的体长（cm）和体重（g）；L_∞ 和 W_∞ 分

别表示渐近体长（cm）和渐近体重（g）；k 表示生长系数；b 表示体长-体重关系式指数（幂指数）；t_0 表示理论假设生长起点年龄。

生长速度方程、生长加速度方程、生长拐点方程和生长特征指数方程中的字母含义与此相同。

（3）生长速度方程

$$\mathrm{d}L/\mathrm{d}t = L_\infty k\,\mathrm{e}^{-k(t-t_0)}$$

$$\mathrm{d}W/\mathrm{d}t = b\,W_\infty k\,\mathrm{e}^{-k(t-t_0)}\left[1-\mathrm{e}^{-k(t-t_0)}\right]^{b-1}$$

式中，$\mathrm{d}L/\mathrm{d}t$ 表示体长生长速度；$\mathrm{d}W/\mathrm{d}t$ 表示体重生长速度。

（4）生长加速度方程

$$\mathrm{d}^2L/\mathrm{d}t^2 = -L_\infty k^2\,\mathrm{e}^{-k(t-t_0)}$$

$$\mathrm{d}^2W/\mathrm{d}t^2 = b\,W_\infty k^2\,\mathrm{e}^{-k(t-t_0)}\left[1-\mathrm{e}^{-k(t-t_0)}\right]^{b-2}\left[b\mathrm{e}^{-k(t-t_0)}-1\right]$$

式中，$\mathrm{d}^2L/\mathrm{d}t^2$ 表示体长生长加速度；$\mathrm{d}^2W/\mathrm{d}t^2$ 表示体重生长加速度。

（5）生长拐点年龄方程

$$t_i = \ln(b/k) + t_0$$

式中，t_i 表示生长拐点年龄。

（6）生长特征指数方程

$$\varphi = \lg k + 2\lg L_\infty$$

式中，φ 表示生长特征指数。

一、体长与体重分布

2017 年 9 月至 2019 年 5 月在哲古错进行 4 次样品采集，前 3 次仅用刺网（2cm）进行采集，最后一次为补充低龄个体，增加了地笼作为采集工具，故获取高原裸鲤幼体较多。渔获物体长范围为 3.1～35.6cm（图 3-2），体重范围为 0.4～645.9g（图 3-3）。与西藏其他高原湖泊相比，哲古错高原裸鲤大型个体较少。

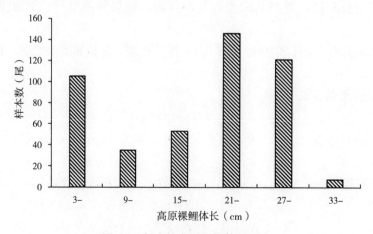

图 3-2　哲古错高原裸鲤体长组成

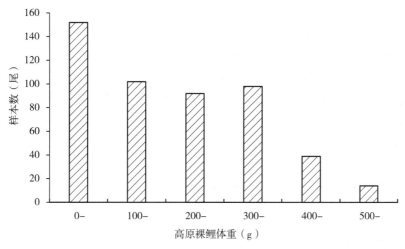

图 3-3 哲古错高原裸鲤体重组成

二、年龄分布

采集的高原裸鲤样本，雌性群体由 1～11 龄组成，雄性群体由 1～10 龄组成。如图 3-4 所示，高原裸鲤雄鱼较为集中地分布在 6～8 龄，而雌鱼则集中在 5～9 龄，分别占比 39.85％和 62.18％。另外，由于采样工具的改进，使得该鱼 2 龄个体占比较大，低龄化明显。

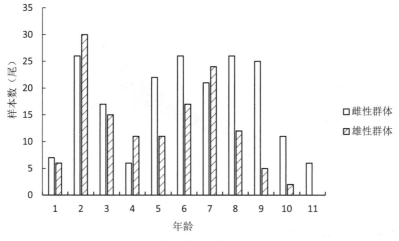

图 3-4 哲古错高原裸鲤年龄组成

通常，环境对鱼类产生的影响以及鱼类自身对于环境的适应可以在其年龄结构中有所体现（殷名称，1995）。为保证年龄结构完整，本研究在第 4 次采样中补充地笼作为采样工具，以补充小型个体。结果显示，哲古错高原裸鲤最大年龄仅为 11 龄，其中 6～8 龄鱼比例为 35％，且 2 龄个体占比较大。与同样在高原湖泊生长的裂腹鱼相比，错鄂裸鲤最大年龄可达 24 龄（杨军山等，2002），色林错裸鲤最大年龄可达 29 龄（陈毅峰等，2002b），这表明哲古错高原裸鲤年龄组成结构简单，可能与哲古错特殊而脆弱的生态生境有关。哲古错作为典型的藏南内流湖泊，仅有长度为 50km 的业久曲作为唯一的入湖河长年有流水流入，外源性营养供给缺乏，同时，由于补水不足，存在退缩趋势，生境条件仅能支撑小规模的种群数量。此外，哲古错高原裸鲤种群年龄结构组成简单还可能与哲古错地处候鸟迁徙路线关系密切。现场调查显示，哲古错高原裸鲤活动区域在冬春低水位时有大量水鸟活动，而据文献，哲古错所处的喜马拉雅山原湖盆宽谷区域有 75 种鸟类，其中多为过境鸟（杨乐等，2013），青海湖部分水鸟南迁路线会经过该区域（张国钢等，2008），哲古错作为其中重要的湖泊湿地，是多数水鸟选择的停留补给地。包括高原裸鲤在内的有限的哲古错水生生物，在冬春季浅水位时成为过往候鸟重要的食物来源，高强度的捕食压力使得哲古错高原裸鲤种群数量受限，年龄组成结构简单。

三、体长与体重关系

协方差分析（ANCOVA）结果显示，体长与体重的关系在雌雄间差异不显著（$P > 0.05$），因此未分离处理雌雄群体数据。

高原裸鲤体长体重拟合关系式为：$W = 0.009\,5L^b$（$R^2 = 0.991\,1$，$n = 432$），如图 3-5 所示，其中 $b = 3.151\,4$，与"3"无显著差异，属于匀速生长，符合 von Bertalanffy 生长方程推算前提。

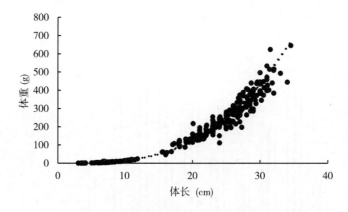

图 3-5　哲古错高原裸鲤体长-体重关系

四、体长与体重生长

鱼类的生长速度反映鱼类在整个生命过程中体长和体重增加的快慢程度。了解鱼类各个生活阶段的生长速度，可以选择其适当的时期加以利用与保护。von Bertalanffy 生长方程可以揭示鱼类的生长特性，阐明鱼类体长与体重随年龄变化而变化的内在规律，较其他生长方程更适合描述鱼类生长。实测体长和体重方程的回归系数 b 值与"3"无显著差异，表明高原裸鲤体长和体重的生长符合匀速生长的先决条件，适合选用 von Bertalanffy 生长方程来拟合（图 3-6 和图 3-7）。

通过 Beverton 法和 Ford 方程求得：$L_\infty = 410.2$ mm，$k = 0.1490$，$t_0 = 0.620$，将上述参数代入 von Bertalanffy 生长方程，得到高原裸鲤体长增长方程：$L_t = 410.159 \times [1 - e^{-0.149(t-0.620)}]$（$R^2 = 0.952$），依据体长体重拟合关系得到体重增长方程：$W_t = 1114.233 \times [1 - e^{-0.149(t-0.620)}]^{3.1514}$（$R^2 = 0.870$）。

生长特征指数 φ 与生长速度正相关，可以较为系统地对不同地理种群的生长性能进行描述。西藏哲古错高原裸鲤表观生长指数 φ 为 4.399，相较于其他同属鱼，其数值较小，说明生长较慢。

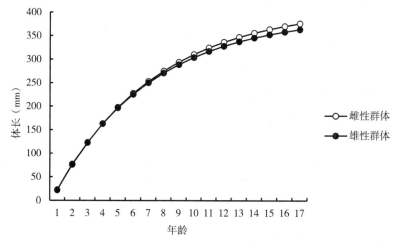

图 3-6　哲古错高原裸鲤的体长 von Bertalanffy 生长曲线

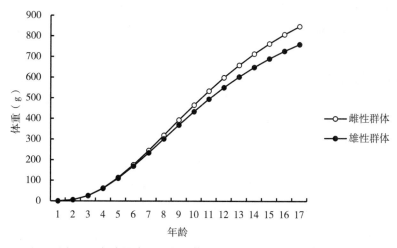

图 3-7　哲古错高原裸鲤的体重 von Bertalanffy 生长曲线

生长系数 k 代表的是鱼类到达渐近体长 L_∞ 的斜率参考值（Branstetter，1987），哲古错高原裸鲤 k 值相较于其他高原鱼类大，这可能与该地区捕获的高原裸鲤样本年龄结构较小有关。Yao et al.（2009）和马宝珊（2011）分别对雅鲁藏布江流域生活的异齿裂腹鱼（*Schizothorax o'connori*）进行了研究，结果表明，年龄范围较小的一方，其 k 值较大；霍斌（2014）曾对尖裸鲤（*Oxygymnocypris stewartii*）生长特性进行研究显示，其年龄结构较小的雄性群体，k 值明显大于雌性群体。这表明，k 值大小很可能与捕获样本年龄结构相关，无法直接使用 k 值断定高原裸鲤生长速度快慢。而相较于 k 值，表观生长指数 φ 综合了 L_∞ 和 k 值，与生长速度正相关，可以较为系统地对不同地理种群的生长性能进行描述（Pauly et al.，1988）。本研究中哲古错高原裸鲤表观生长指数 φ 比高原湖泊生存的裂腹鱼都要高（杨军山等，2002；陈毅峰等，2002b；龚君华等，2017），表明哲古错高原裸鲤与其他湖泊比较，群体生长速度相对较快，可能与以下情况有关：一是哲古错高原裸鲤年龄组成以低龄鱼为主，种群处于增长阶段；二是可能与哲古错周期性大面积干涸有关，据当地居民介绍，哲古错存在每十年左右发生一次大面积干涸的情况，本研究采样期间可能正处于干涸后的生态恢复期。上述推测需要继续进行采样观察来证实。

近年来，由于气候变化等原因，西藏南部内流湖泊退化趋势明显，使其特殊的湖泊生态完整性面临着被破坏的危险，为保证其可持续发展，必须维护湖泊生态系统的多样性与完整性。哲古错高原裸鲤在脆弱的高原湖泊生态系统中处于顶级消费者地位，但在青藏高原生态系统中又被越冬候鸟掠食，表明高原裸鲤不仅在高原湖泊生态系统乃至在高原生态系统中同样占据重要地位，对其开展有效的生态保护就显得尤为重要。哲古错高原裸鲤年龄组成结构及生长特性表明该种群已处于种群数量受限状态，需严格限制人类活动，以保护现存资源。

五、生长速度与生长加速度

体长和体重增长方程都是积分曲线，它们只能反映生长过程的总和。为了进一步研究鱼类整个生长过程变化特征，分别对高原裸鲤体长、体重增长方程一阶求导、二阶求导，求得生长速度和生长加速度方程：

体长生长速度：$dL/dt = 61.114e^{-0.149(t-0.620)}$

体长生长加速度：$d^2L/dt^2 = -9.106e^{-0.149(t-0.620)}$

体重生长速度：$dW/dt = 518.483e^{-0.149(t-0.620)}[1-e^{-0.149(t-0.620)}]^{3.1514}$

体重生长加速度：$d^2W/dt^2 = 77.254e^{-0.149(t-0.620)}[1-e^{-0.149(t-0.620)}]^{1.1514}[3.1230 e^{-0.149(t-0.620)}-1]$

依据公式 $t_i = t_0 + \ln(b/k)$，求得高原裸鲤拐点年龄为 8.263，此时生长速度最大，与之对应的体长体重分别为 $L_i = 27.826\text{cm}$、$W_i = 333.811\text{g}$。体长的生长曲线表明，哲古错高原裸鲤体长生长速度和加速度曲线不具拐点，生长速度均为正值，随年龄增加而递减，递减趋势先快后慢逐渐趋于平缓，最后趋近于零（图 3-8）；体长生长加速度均为负值，表明其体长生长速度为减速，递减趋势先快后慢，逐渐趋于平缓，最后趋近于零（图 3-9）。体重生长曲线表明，哲古错高原裸鲤体重生长速度均为正值，呈现先上升后下降的趋势，具有明显的生长拐点，在 8.263 龄后，体重生长速度逐渐下降（图 3-10）；约 14 龄之后，体重生长加速度逐渐上升，并趋近于零（图 3-11）。

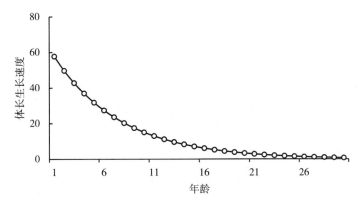

图 3-8　哲古错高原裸鲤体长生长速度曲线

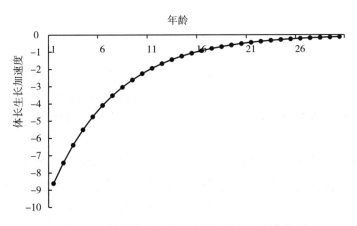

图 3-9　哲古错高原裸鲤体长生长加速度曲线

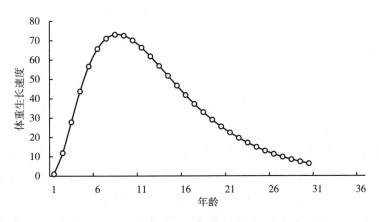

图 3-10　哲古错高原裸鲤体重生长速度曲线

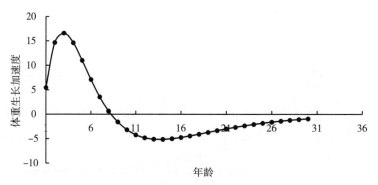

图 3-11　哲古错高原裸鲤体重生长加速度曲线

第二节　繁殖特性

繁殖作为鱼类生长周期中的重要转折点，其生物学研究是生活史研究的重要部分。为保证种群繁衍与适应环境，不同鱼类会选择适合自己的繁殖策略。它决定了鱼类性腺发育、成熟以及产卵行为等一系列繁殖活动，也保证了种群可以较好地适应栖息环境（殷名称，1995）。

目前，仅杨汉运等（2011）对生活在羊卓雍错水域的高原裸鲤繁殖生物学进行过研究报道，对其繁殖特性和繁殖力等方面进行了初步研究。但是有研究显示，同种鱼类的繁殖特性可能受外界环境影响（温海深等，1998；谢振辉等，2020），而哲古错特殊的气候条件和地理环境同样可能影响高原裸鲤的繁殖活动。为更好地研究哲古错高原裸鲤种群生长状况，本节通过对高原裸鲤的性比、繁殖特性和繁殖力等方面进行研究，初步了解栖息于哲古错的高原裸鲤的繁殖特性，也为保护高原裸鲤种质资源提供基础数据。

一、性比

如图 3-12 所示，哲古错高原裸鲤表现为雌性个体多于雄性个体，其中秋季雌雄比为 1.63∶1，春季雌雄比为 2.85∶1。结果显示，春季渔获物中雌性个体更多，初步表明高原裸鲤繁殖季节在春季。

种群性比可以表现种群结构的特点与变化，其既与该鱼种特性有关，又受到水域环境变化的影响，同时，性比又会影响鱼类个体的繁殖习性，间接地影响种群数量的变化。通常，种群雌雄比变化主要是因为其种群生活史类型和环境变化（周翠萍，2007）。很多研究者曾对高原生活的裂腹鱼类性比进行研究。赵利华（1982）对青海湖裸鲤性比研究表明，20 世纪 60 年代雌雄比为 1.7∶1，20 世纪 80 年代雌雄比为 3.7∶1；谢振辉等（2020）研究表明，青海湖裸鲤一直是雌性个体数量大于雄性个体数量。

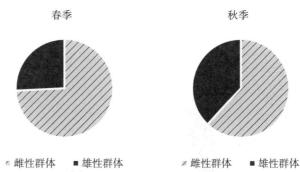

图 3-12 哲古错高原裸鲤的雌雄比例

在鱼类种群中，若雄性个体比例较高，可能会影响种群结构，进而降低种群繁殖潜力（Ospina-Alvarez and Piferrer，2008）。而本研究中，哲古错高原裸鲤表现为雌性个体多于雄性，推测其种群对提高繁殖效率、维护种群数量较为有益。在繁殖群体中，随着年龄不断增加，雌雄比也在不断增加，尤其是 8 龄之后，雌鱼占据了其中多数，而研究表明，如果高龄个体中雌性个体占大多数即表明雌性个体有更长的寿命和更低的死亡率（严太明，2002；周翠萍，2007）。由此可进行初步推断，哲古错高原裸鲤雌性个体较雄性个体有较长的寿命和较低的死亡率，而出现上述情况，可能是高原裸鲤因哲古错恶劣且多变的环境而产生的适应性。

二、性腺成熟度

哲古错高原裸鲤在种群性腺成熟度方面表现为：秋季时，该种群性腺成熟度在Ⅱ期、Ⅲ期和Ⅳ期的个体分别占总体的 27%、32% 和 29%，几乎没有性成熟个体；春季，该种群中性腺发育到Ⅴ期的个体占总渔获物的 88%，说明此时该种群绝大多数个体成熟度较高（图 3-13）。综合考虑该种群性比和性腺成熟度，可以确定春季为哲古错高原裸鲤繁殖季节。最小成熟年龄为 5 龄，由此推断，性成熟个体占总渔获物群体比例为 56.22%。

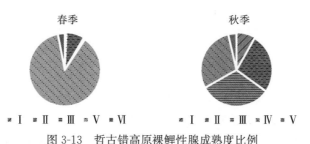

图 3-13 哲古错高原裸鲤性腺成熟度比例

三、成熟系数

如图 3-14 所示，哲古错高原裸鲤在春季时平均个体成熟系数（GSI）为 11.73%，其中雌性较高，最高可达 22.13%，平均为 13.44%，而相对应的雄性个体成熟系数则较低，平均为 7.08%；秋季时，平均成熟系数为 5.17%，其中雌性为 3.42%，雄性为 8.01%，由此可以判断，哲古错高原裸鲤从春季开始进行种群繁殖。

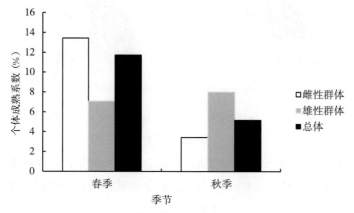

图 3-14　哲古错高原裸鲤个体成熟系数

鱼类种群在长期的进化过程中会形成自己特有的繁殖习性，会选择合适的季节进行繁殖，使自己的后代可以有合适且充足的饵料，以保证其仔鱼有最大的存活数量（Elliott and Wootton，1990）。哲古错高原裸鲤在 5—6 月性腺成熟个体占较大比例，且雌性个体明显高于雄性个体，平均成熟系数可达 13.44%，故此初步推测哲古错高原裸鲤繁殖季节开始时间为 5—6 月。研究表明，生活在饵料丰度较低和水温较低的生存环境中的早春产卵鱼类可能会选择对自己有利的性腺早发育策略（Malison et al.，1994），而由于哲古错水域水温较低且回暖较慢，高原裸鲤春季产卵使得其胚胎正常发育，以保证其仔鱼正常生长。杨汉运等（2011）研究表明，高原裸鲤繁殖季节较长，可能会延长至 8 月，而繁殖时间的延长则可以保证繁殖数量，进而保证整个种群的繁衍生息，哲古错高原裸鲤是否如此，仍需进一步研究。

四、繁殖力

种群繁殖力（PF）计算公式如下：

$$PF = \sqrt[pj]{r \times x}$$

$$x = \frac{t_{\max}}{p} + 1$$

式中，p 表示繁殖周期；j 表示初次性成熟年龄；r 表示一次产出的卵粒，一般采用绝对繁殖力；x 表示一生产卵次数；$t_{\max}$ 表示最大年龄。

高原裸鲤繁殖群体绝对繁殖力为 3 834～23 972 粒，平均绝对繁殖力为 11 574 粒；相对繁殖力为 6～59 粒/g，平均相对繁殖力为 28 粒/g。

采用回归分析法分别检验体长和体重与绝对繁殖力的关系（图 3-15 和图 3-16），哲古错高原裸鲤的绝对繁殖力（F）和体长（L）关系符合线性关系，经回归分析，其拟合关系式如下：

$$F = 32.745L - 1\ 047.3\ (R^2 = 0.626\ 3)$$

绝对繁殖力（F）和体重（W）关系符合线性关系，经回归分析其拟合关系式如下：

$$F = 1\ 197.0W - 23\ 059\ (R^2 = 0.642\ 3)$$

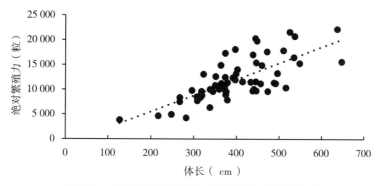

图 3-15　哲古错高原裸鲤绝对繁殖力与体长的关系

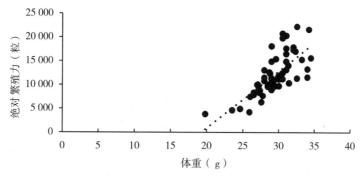

图 3-16　哲古错高原裸鲤绝对繁殖力与体重的关系

作为估算鱼类种群繁殖潜力的依据（Vlaming，1972），鱼类种群繁殖力可以反映其对环境变化的适应能力（Levanduski and Cloud，1988；Le Page and Cury，1997）。有研究表明，繁殖力会受到生长、饵料丰度、种群密度等环境条件的影响（Hester，1964；Chigbu and Sibley，1994；Schultz and Warner，1991）。哲古错高原裸鲤绝对繁殖力与其体长和体重呈正相关，所以我们使用相对繁殖力表示单位体重的怀卵量，其数据变化幅度较小，可以更好地体现该种群繁殖策略及其繁殖潜力（Elliott and Wootton，1990）。众多学者都对高原生活的裂腹鱼类繁殖力进行过研究。青海湖裸鲤的相对繁殖力为 28.6 粒/g（张信等，2005）；西藏色林错裸鲤的相对繁殖力为 25.8 粒/g（何德奎等，2001）；而本次研究的哲古错高原裸鲤的平均相对繁殖力为 28 粒/g。这表明哲古错高原裸鲤繁殖力与其他裂腹鱼差别不大，与平原生活的鲤科鱼类相比，繁殖力较小，繁殖潜力较低，这可能与高原水域生活环境恶劣且饵料资源匮乏有关。

五、哲古错高原裸鲤产卵场

高原裸鲤繁殖需要一定的流水条件，成熟个体一般较大，往往产卵于附近有水流漫滩的湖区，所以其溯河产卵时间与支流水量有较大关系。哲古错最大的入湖支流为业久曲，通常6月中下旬哲古错流域开始进入丰水期，业久曲河流量开始增大，符合高原裸鲤溯河产卵需求。业久曲底质多为沙砾，6月中旬，水深可达40cm，水流速为0.1m/s，平均水温为10℃，符合高原裸鲤产卵场特征。所以初步推断，哲古错入湖河流业久曲及附近水域为哲古错高原裸鲤产卵场，在繁殖季节对该区域进行保护尤为重要。首先，5月业久曲来水量较小，高原裸鲤会集中在水流漫滩的湖区产卵，此时该区域高原裸鲤特别容易被捕获，且渔获物群体性腺发育至Ⅴ期的个体占88%，所以5—6月对业久曲附近高原裸鲤产卵场的保护尤为重要，需严格控制人类捕捞活动，保证亲鱼繁殖活动可以正常进行；其次，对唯一长年有流水的业久曲进行水量控制管理，控制上游过度开发和农牧养殖用水量，保护入湖河生境，确保高原裸鲤的产卵洄游通道畅通及仔稚鱼栖息场所安全，确保资源群体的有效补充。

第三节　种群动态研究

鱼类的种群动态评估是建立在个体生物学基础上的，人们可以利用个体生物的出生、生长和死亡来研究鱼类种群特有的年龄结构、繁殖群体组成、密度、出生率、死亡率和数量变化规律等，同样可以为种群管理措施提供理论依据（殷名称，1995）。决定鱼类种群变化的重要特征之一是鱼类种群死亡率，可分为捕捞死亡率和自然死亡率，而通常对种群影响较大的是捕捞死亡率（叶富良和张健东，2002）。在特定水域环境中生活的鱼类会演化形成特定的生活史策略，而其生活史特征又会影响鱼类种群的死亡率、生长率和繁殖力等生长参数，所以在获得鱼类生活史资料的基础上，可以开展鱼类种群动态评估方面的研究（费鸿年和张诗全，1990）。在数据条件有限的情况下，常用单位补充量亲体生物量模型（SSB/R）和繁殖潜力比模型（SPR）来评估鱼类种群开发程度（高欣，2007），并设立目标参考点（$F_{40\%}$）和下限参考点（$F_{25\%}$）作为评估该种群开发程度的标准（霍斌，2014）。

本节通过模糊聚类法定量研究高原裸鲤的生活史类型，并通过单位补充量亲体生物量模型（SSB/R）和繁殖潜力比模型（SPR）来评估哲古错高原裸鲤的种群动态状况和开发程度，并为科学制定保护哲古错高原裸鲤种群的政策提供基础数据。

一、死亡系数

总死亡系数公式如下：

$$Z_i = \ln C_i - \ln C_{i+1}$$

$$Z = \frac{1}{T-1} \sum_{i=0}^{T-1} Z_i$$

式中，Z_i 表示连续世代之间的瞬时总死亡系数；Z 表示总死亡系数；C_i 和 C_{i+1} 分别表示 i 世代与 $i+1$ 世代的渔获尾数；T 表示世代数。

采用 Pauly D 的经验公式（1988）估算哲古错高原裸鲤的自然死亡系数（M）：

$$\ln M = -0.015\ 2 - 0.279 \ln L_\infty + 0.654\ 3 \ln k + 0.463 \ln T$$

式中，M 表示自然死亡系数；L_∞ 表示渐进体长；k 表示生长系数；T 表示周年平均水温。

捕捞死亡系数（F）等于年总死亡系数（Z）减去自然死亡系数（M）：

$$F = Z - M$$

开发比（E）等于捕捞死亡系数（F）除以总死亡系数（Z）：

$$E = F / Z$$

参照 Gulland（1970）建议，最适开发的种群，捕捞死亡系数应当等于自然死亡系数，即开发比（E）为 0.5/年。

经计算，哲古错高原裸鲤种群总死亡系数为 0.27/年，自然死亡系数为 0.22/年，由此获得的捕捞死亡系数为 0.05/年，所以该种群目前的开发比为 0.185/年，说明哲古错高原裸鲤开发程度较低，人类活动及捕捞现象较少。

二、生活史类型

因为生态参数的量纲不同，所以在应用模糊聚类分析之前，首先需要消除生态参数量纲的影响，将参加计算的参数对数化处理后运用极值标准化公式，将标准化的数据库缩到 [0，1] 区间内，最后通过夹角余弦法求得两两物种之间的相似系数，值越大表示相似程度越高（徐克学，1999；刘军，2005）。极值标准化公式如下：

$$x_{ij} = \frac{y_{ij} - \min\{y_{kj}\}}{\max\{y_{kj}\} - \min\{y_{kj}\}} \left.\begin{matrix} i = 1,\ 2,\ \cdots,\ t \\ j = 1,\ 2,\ \cdots,\ t \end{matrix}\right\}$$

式中，$\max\{y_{kj}\}$ 表示第 j 个参数 y_{1j}，y_{2j}，$\cdots$，y_{tj} 的最大值；$\min\{y_{kj}\}$ 表示相对应的最小值。

夹角余弦公式如下：

$$\lambda_{ij} = \frac{\sum\limits_{k=1}^{n} x_{ik} x_{jk}}{\sqrt{\left(\sum\limits_{k=1}^{n} x_{ik}^2\right)\left(\sum\limits_{k=1}^{n} x_{jk}^2\right)}}$$

以代码 1、2、3 分别代表达氏鳇、尖头塘鳢和高原裸鲤，λ_{12} 代表达氏鳇和尖头塘鳢的生活史类型相似系数，λ_{23} 代表尖头塘鳢和高原裸鲤的生活史类型相似系数，λ_{13} 代表达氏鳇和高原裸鲤的生活史类型相似系数（刘军，2005），并引入青海湖裸鲤（*G. przewalskii*）进行验证。

用于计算角余弦系数相关生态学参数见表 3-1。通过公式计算发现，达氏鳇和尖头塘鳢生活史类型的相似系数为 $\lambda_{12}=0$，表明两者生活史类型完全不同；高原裸鲤和尖头塘鳢生活史类型的相似系数为 $\lambda_{23}=0.166\,9$，表明两者生活史类型相似度较低；高原裸鲤和达氏鳇生活史类型相似系数最高，为 $\lambda_{13}=0.520\,9$，表明两者生活史类型相似度最高，由此得出结论，哲古错高原裸鲤种群的生活史为偏 k-选择类型。

然而，高原湖泊恶劣的环境可能会使高原裸鲤生存状态改变，故引入典型的 k-生活史类型青海湖裸鲤来对比验证高原裸鲤的生活史类型，结果显示 $\lambda=0.978\,9$，这意味着哲古错高原裸鲤与青海湖裸鲤生活史类型最为相似，同时证明高原裸鲤生活史确为 k-选择类型。通常，k-选择类型种群对于环境变化的适应性较差，剧烈的环境变化可能导致种群资源被破坏，且难以恢复，甚至可能遭遇灭绝（殷名称，1995）。

表 3-1　达氏鳇、尖头塘鳢、青海湖裸鲤和高原裸鲤的生态学参数

物种	L_∞ (cm)	W_∞ (kg)	k	t_m	t_λ	M (/年)	PF
达氏鳇	477	756.8	0.04	16	73.8	0.07	1.24
尖头塘鳢	26	0.387	0.28	1	10.7	0.71	49 300
青海湖裸鲤	59	3.099	0.07	6	42.72	0.07	2.90
高原裸鲤	41.0	1.114	0.149	5	11	0.22	7.91

三、种群动态评估

种群动态评估公式如下：

$$SSBR = \frac{SSB}{R} = \sum_{t_m}^{t_\lambda} m_t \times W_t \times \mathrm{e}^{-F(t-t_c)} \times \mathrm{e}^{-M(t-t_r)} \begin{cases} t_r \leqslant t \leqslant t_c,\ F=0 \\ t_c \leqslant t \leqslant t_\lambda,\ F=Z-M \end{cases}$$

$$SPR = \frac{SSB/R_F}{SSB/R_{F=0}}$$

式中，SSB 表示繁殖群体亲鱼总量；R 表示补充群体总量；SSB/R_F 表示捕捞死亡率为 F 时单位补充量亲鱼量；$SSB/R_{F=0}$ 表示捕捞死亡率为 0 时单位补充量亲鱼量；F 表示捕捞死亡系数；M 表示自然死亡系数；t_λ 表示最大年龄；t_c 表示起捕年龄；t_r 表示补充年龄；m_t 表示 t 龄时性成熟鱼类的比例；W_t 表示 t 龄鱼的平均重量。

建立哲古错高原裸鲤单位补充量亲鱼生物量和繁殖潜力比模型所用的参数见表 3-2。

表 3-2　用于高原裸鲤单位补充量模型和单位补充量亲鱼生物量模型参数

参数	高原裸鲤
W_∞ (g)	1 114.233
k	0.149
t_0	0.620
M (/年)	0.22

（续）

参数	高原裸鲤
F（/年）	0.05
t_r	1
t_c	6
t_m	5
t_λ	11

单位补充量亲鱼生物量模型结合 $F_{25\%}$ 和 $F_{40\%}$ 两个参考指标可以较为有效地评估鱼类种群的开发利用程度（霍斌，2014）。$F_{25\%}$ 是下限参考点，若捕捞死亡率大于此值，意味着其繁殖群体被过度开发，自然繁殖群体被严重破坏，补充量不能维持种群的平稳。一般将 $F_{40\%}$ 当成目标参考点，作为捕捞标准使得种群资源得以合理开发，在捕捞死亡系数处于该值附近甚至小于该值时，在保持种群稳定的情况下可以适当提高渔获量（Sun et al.，2002）。

如图 3-17 中的曲线所示，在现在的起捕年龄下，哲古错高原裸鲤种群的单位补充量亲鱼生物量会随着捕捞死亡系数的增加而减小；而图 3-18 显示，在现捕捞年龄下，哲古错高原裸鲤种群繁殖潜力比同样会随捕捞死亡系数的增大而减小，而在现捕捞系数下，高原裸鲤种群的 SPR 值远大于参考点 $F_{40\%}$ 所对应的 SPR 值，说明哲古错高原裸鲤种群的开发程度较低。另外，哲古错高原裸鲤种群资源的开发比为 0.185/年，自然死亡系数和捕捞死亡系数分别为 0.22/年、0.05/年，说明哲古错高原裸鲤的开发程度不高，种群补充量较为充足。

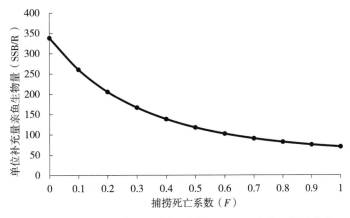

图 3-17　在现捕捞年龄下高原裸鲤单位补充量亲本生物量曲线

综合前述内容可以发现，哲古错高原裸鲤年龄组成结构及生长特性表明该种群已处于种群数量受限状态，且繁殖力较低，对繁殖场所的要求较高，所以，尽管现阶段该种群开发程度不高，但其对自身生存环境变化较为敏感。近年来，西藏气候趋于恶劣，藏南湖泊

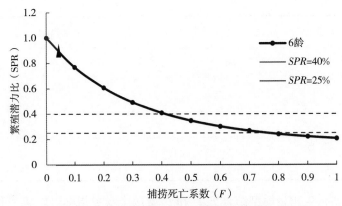

图 3-18　在现捕捞年龄下高原裸鲤的繁殖潜力比曲线

注：▲表示当前捕捞死亡系数下的 SPR 值。

仍有退化趋势（闫立娟等，2016），而哲古错表现更为明显，一旦该湖出现剧烈的环境变化，极有可能造成其中高原裸鲤种群的破坏甚至灭绝。同时，哲古错作为藏南地区的重要湿地，是众多鸟类的生活区、迁徙区及繁殖区（郑作新等，1983），是整个藏南地区生态系统的重要组成部分，而其中的高原裸鲤又是整个食物链中重要的一环。所以，对于哲古错高原裸鲤种群的保护是极其重要的。

第四章

哲古错拉萨裸裂尻鱼
生物学特征

拉萨裸裂尻鱼（*Schizopygopsis younghusbandi*），隶属于鲤形目（Cypriniformes）、鲤科（Cyprinidae）、裂腹鱼亚科（Schizothoracinae）、裸裂尻鱼属（*Schizopygopsis*），主要分布在雅鲁藏布江的中游及其附属水体（西藏自治区水产局，1995）。拉萨裸裂尻鱼山南亚种（*Schizopygopsis younghusbandi shauuaeusis* Wu）主要分布于西藏南部（武云飞和吴翠珍，1992）。

拉萨裸裂尻鱼体延长，体侧扁，头呈锥形，吻钝圆。口亚下位，弧形，下颌前缘具有锐利角质，下唇分左右两下叶，唇后沟中断，无须。背鳍ⅲ-8，胸鳍ⅰ-17～20，腹鳍ⅰ-10，臀鳍ⅲ-5。背鳍约位于体中点；腹鳍起点位于背鳍起点之后下方，腹鳍末端不达肛门，远离臀鳍。臀鳍起点紧邻肛门之后，其末端接近尾鳍基部。尾鳍叉形。鳃耙短小，排列较稀疏，第一鳃弓外鳃耙数量为10～40，内鳃耙数量为18～23；下咽齿2行，3.4/4.3。鳔2室，后室长于前室。臀鳞明显，位于肩胛部有少许鳞片，其他部位无鳞；体背呈灰褐色，腹部呈淡黄色，部分鱼体侧有不规则暗斑，皮肤光滑，较薄，头部与背侧具不规则黑点。

目前，对于拉萨裸裂尻鱼的研究资料较少，早期多为分类学（西藏自治区水产局，1995；武云飞，1984）以及起源与演化（曹文宣等，1981）等方面的研究。近年来，对拉萨裸裂尻鱼的研究主要包括食性组成（季强，2008；杨学峰等，2011）及早期发育（许静，2011）。另外，Chen等（2009）和段友健（2015）对拉萨裸裂尻鱼的年龄与生长方面进行了研究，其中包括对拉萨裸裂尻鱼在不同海拔下的生长速度差异研究。哲古错地处高原腹地，随着全球气候变暖（秦大河等，2005；谢虹，2012），加之高原生态系统结构简单，生产力低下（安宝晟和程国栋，2014）以及沿岸公路的修建，作为哲古错最大的入湖支流业久曲遭到破坏，导致地表径流减少，对哲古错产生较大影响，并且经调查发现该区域鱼类区系结构简单，现有鱼类仅有3种，水生态环境十分脆弱，种群一旦遭到破坏将很难恢复，因此保护哲古错水生态系统刻不容缓。但对于该区域的水生态系统的研究尚属空白，其中哲古错拉萨裸裂尻鱼的研究也较少，因此，弄清该区域拉萨裸裂尻鱼的年龄结构与生长特征，可为开展其区域资源保护提供理论数据和基础资料，也可为高原其他区域内鱼类的保护研究提供借鉴。

第一节　哲古错拉萨裸裂尻鱼年龄结构与生长特征

本次研究的实验对象为西藏哲古错的拉萨裸裂尻鱼，2017年9月至2019年5月在哲古错进行了四次采样，其中前3次采用刺网（2cm）进行采样，最后一次为补充低龄个体，增加地笼（长800.0cm、宽21.0cm、高19.0cm，孔径：0.6cm×0.6cm）进行采样，共采集样本量260尾，在鲜活状态下直接观察鱼体情况。将采集的拉萨裸裂尻鱼在新鲜状态下使用直尺（精确到 0.1cm）测量全长和体长，使用电子天平（精确到 0.1g）称量其体重及空壳重，选择部分体型较大，对具有明显第二性征的个体进行常规解剖，参照殷名称（1995）的方法进行性别鉴定和性腺分期，分别采集 1 对微耳石并清洗，放在 0.5 mL EP 管中进行编号保存。

将微耳石从各离心管中取出，清水洗净擦干，将其内侧面用透明指甲油固定在已标记好的洁净载玻片上，充分晾干。使用 2000♯ 的砂纸对耳石进行打磨，打磨好的耳石用无水乙醇洗净并擦干，用中性树胶封片后，在解剖镜下观察并计数。将所有样本的年龄鉴定结果记录并整理，绘制年龄分布图，得到其最大与最小年龄、优势年龄组等，进而描述其年龄结构与年龄特征。

对所采集的样本进行编号，对所有样本的体长、体重分别进行测量并记录，体长精确到 0.1cm，体重精确到 0.1g。对所记录的样本的体长、体重数据进行处理，分别绘制体长、体重分布的直方图，通过处理结果得出采集的拉萨裸裂尻鱼体长及体重的最大值与最小值、体长及体重分布的主要区间以及优势体长组、体重组占总数的比例等；对体长与体重数据作回归方程，并拟合曲线，分析二者的相关关系。数据采用 Excel 2010 与 SPSS 18.0 进行整理、分析和图表绘制。

一、拉萨裸裂尻鱼微耳石年龄材料特征

微耳石形状呈不规则椭圆形，颜色呈白色微透明，具有生长中心，在解剖镜下观察，暗灰色暗带与透明亮带围绕中心相间排列，其中相邻两个暗纹之间具有疏密相间排列分布的轮纹，疏带区相对较宽，密带区相对较窄，且暗带宽度小于透明带，外缘不清晰，轮纹比较清晰的方向上又有很多不明的轮纹，一般不连续排列，极难将其与年轮区分开来，不具有规律性，易影响读数，无法准确判读年龄大小（图 4-1）。

目前已有很多研究表明将耳石磨片作为高原裸裂尻鱼属鱼类年龄的鉴定材料，准确性更高（Chen et al.，2009；陈毅峰等，2002a；杨军山等，2002；熊

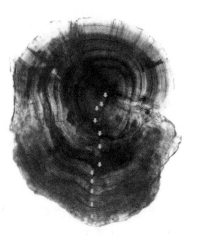

图 4-1　微耳石年龄材料特征

飞等，2006）。段友健（2015）通过对雅鲁藏布江谢通门段至尼木段的拉萨裸裂尻鱼的鳃盖骨、耳石以及脊椎骨年龄鉴定对比发现，耳石的精确性要优于鳃盖骨和脊椎骨。由于在哲古错独特的自然水体环境中，拉萨裸裂尻鱼在长期的适应过程中体鳞几乎完全退化，因此，体鳞并不适合作为年龄鉴定材料，使得耳石磨片成为哲古错拉萨裸裂尻鱼最适宜的年龄鉴定材料。裂腹鱼类耳石的生长快慢受栖息水域水温的影响，不同季节其轮纹生长情况不同；暗带形成于春夏季节，生长快；透明带形成于冬季，生长缓慢，使得二者形成明暗相间，宽窄不一的轮纹（朱秀芳和陈毅峰，2009；杨鑫等，2015）。哲古错位于海拔4 600m

左右的措美县，年平均气温较低，各季节水温也远小于西藏大部分地区（李红敬等，2010；魏希等，2015；林振耀和吴祥定，1984；聂宁等，2012），使得耳石生长旺盛期要短，因此，暗带宽度要小于透明带。

二、年龄分布

取 260 尾拉萨裸裂尻鱼体的耳石进行年龄分析，结果可知：采集的拉萨裸裂尻鱼样本中种群个体由 1～13 龄组成。图 4-2 表示的是年龄分布，可以看出种群个体较为集中地分布在 2～6 龄，占比为 80.0%。另外，由于采样工具的改进，使得该鱼 2 龄和 3 龄个体占比较大。从图中可以看出，湖泊生存的拉萨裸裂尻鱼低龄化现象明显。

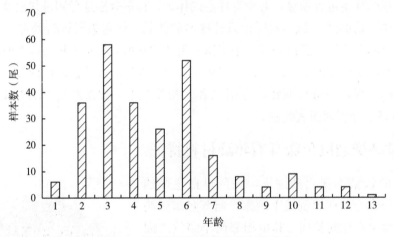

图 4-2　拉萨裸裂尻鱼渔获物年龄分布

鱼类的年龄和生长是评估鱼类种群资源的重要依据（叶富良和张健东，2002）。鉴定鱼类年龄的准确性直接影响鱼类生长参数的可靠程度（段友健，2015）。在鲤形目鱼类中，常以脊椎骨、微耳石、鳞片、胸鳍棘等作为年龄鉴定材料（寻明华，2009；沈丹舟，2007）。在鱼类生长过程中，由于钙沉积会在这些年龄鉴定材料上形成明显且具有较规律的周期性轮纹（高春霞等，2013；刘必林等，2016）。然而年轮轮纹的形态和规律特征在不同的组织材料上也有所不同，使得年龄解读方式也有所不同，因此，选择合适的年龄鉴定材料也是至关重要的（Campana，2001）。高原鱼类一般具有较高的存活寿命，其中分布于雅鲁藏布江的巨须裂腹鱼最高年龄为 16 龄（朱秀芳和陈毅峰，2009）、拉萨裸裂尻鱼最高年龄为 17 龄（Chen et al.，2009）、拉萨裂腹鱼最高年龄为 24 龄（Qiu and Chen，2009）、双须叶须鱼最高年龄为 44 龄（杨鑫，2015）以及最高龄可达 50 龄的异齿裂腹鱼（Yao et al.，2009），均显示出高龄化的生物学特征，这可能与高原特殊的生态环境有关。

在哲古错采集的 260 尾样本中的最高年龄为 13 龄，且群体集中分布在 2～6 龄，占比为 80.0%，表明群体中低龄化严重，高龄鱼占少数，这与其他湖泊的裂腹鱼类年龄结构变化规律相似（Chen et al.，2009；陈毅峰等，2002；杨军山等，2002；龚君华等，2017）。从中可以知道，现在西藏的湖泊裂腹鱼类都面临着明显的低龄化现象，可能的原因是近年来外来人口的激增，对水产品的需求量增加，导致部分湖泊鱼类遭受过度捕捞，资源严重破坏。哲古错地处高原腹地，海拔高，气候变化多端，并且雨季和旱季变化明显，这对鱼类生存形成挑战。另据资料显示，哲古错在 2012 年大面积干涸过，这可能也是高龄鱼数目较少的原因。此外，在本研究中拉萨裸裂尻鱼拐点年龄为 9.06 龄，而在调查中发现哲古错拉萨裸裂尻鱼最小性成熟年龄为 3 龄，拐点年龄明显大于其最小性成熟年龄，表明即使达到性成熟后，该鱼仍然能够保持生长。这对于提高亲鱼绝对繁殖力具有重要的意义，使其能够在复杂环境中维持种群数量，有利于物种的延续（谢小军等，1994）。

三、体长与体重分布

本研究共采集 260 尾拉萨裸裂尻鱼进行体长、体重分析。结果可知：拉萨裸裂尻鱼的体长范围为 15～358mm，平均体长为 162mm，优势体长为 100～250mm，占总尾数的 82.3％（图 4-3）；体重范围为 2.5～710.8g，平均体重为 116.5g，优势体重为 100～200g，占总尾数的 74.6％（图 4-4）。

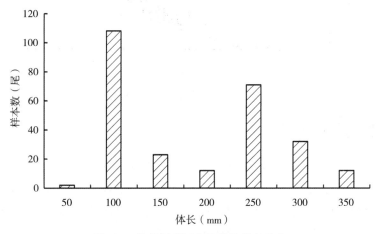

图 4-3　拉萨裸裂尻鱼渔获物体长分布

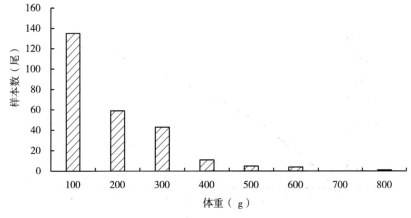

图 4-4　拉萨裸裂尻鱼渔获物体重分布

四、体长与体重关系

根据对拉萨裸裂尻鱼的体长体重拟合，得出其回归关系，两者呈幂函数关系 $W = 0.0215L^b$（$R^2 = 0.9429$，$n = 260$）（图4-5），其中参数 $b = 2.8577$，经 t 检验，与标准值3相近（$P > 0.05$），属于匀速生长，符合 von Bertalanffy 生长方程推算前提。经协方差分析（ANCOVA）结果显示，体长与体重的关系在雌雄间差异不显著（$P > 0.05$），因此未分离处理雌雄群体数据。

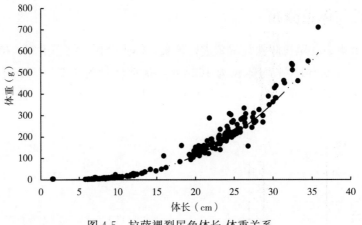

图4-5　拉萨裸裂尻鱼体长-体重关系

五、体长与体重生长

通过 Beverton 法和 Ford 方程求得：$L_\infty = 443.2\text{mm}$，$k = 0.130$，$t_0 = 0.983$。由体长体重生长方程关系式求得：$W_\infty = 1\,172.04\text{g}$。将上述参数代入 von Bertalanffy 生长方程，得到拉萨裸裂尻鱼体长生长方程（图4-6）：$L_t = 443.2 \times [1 - e^{-0.130(t - 0.983)}]$（$R^2 = 0.937$），依据体长体重拟合关系得到体重生长方程（图4-7）：$W_t = 1\,172.04 \times [1 - e^{-0.130(t - 0.983)}]^{2.8577}$（$R^2 = 0.904$）。

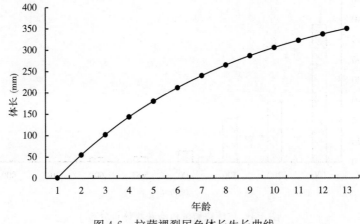

图4-6　拉萨裸裂尻鱼体长生长曲线

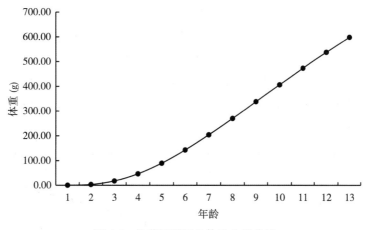

图 4-7 拉萨裸裂尻鱼体重生长曲线

六、生长速度与生长加速度

为了进一步了解拉萨裸裂尻鱼生长过程变化特征，将生长方程分别求一阶和二阶导数，得到体长和体重的生长速度方程和生长加速度方程分别为：

体长生长速度：$\mathrm{d}L/\mathrm{d}t = 57.616e^{-0.130(t-0.983)}$

体长生长加速度：$\mathrm{d}^2L/\mathrm{d}t^2 = -7.49e^{-0.130(t-0.983)}$

体重生长速度：$\mathrm{d}W/\mathrm{d}t = 435.414e^{-0.130(t-0.983)}\left[1 - e^{-0.130(t-0.983)}\right]^{2.8577}$

体重生长加速度：$\mathrm{d}^2W/\mathrm{d}t^2 = 55.604e^{-0.130(t-0.983)}\left[1 - e^{-0.130(t-0.983)}\right]^{0.8577}\left[2.8577e^{-0.130(t-0.983)} - 1\right]$

根据上述 4 个方程，分别做出体长和体重的生长速度和生长加速度曲线（图 4-8 至图 4-11）。拉萨裸裂尻鱼拐点年龄为：$t_i = t_0 + \ln(b/k) = 9.06$，此时生长速度最大，与之对应的体长体重分别为 $L_i = 288.11\mathrm{mm}$、$W_i = 342.31\mathrm{g}$。体长的生长曲线表明，哲古错拉萨裸裂尻鱼体长生长速度和加速度曲线不具拐点，生长速度均为正值，随年龄增加而递

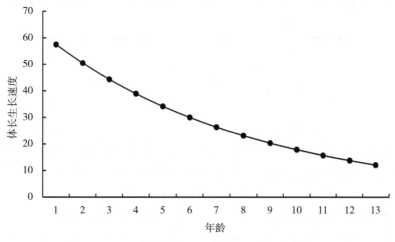

图 4-8 拉萨裸裂尻鱼体长生长速度曲线

61

减，其变化趋势呈现先快后慢，而后逐渐趋于平缓，最后趋近于零；生长加速度均为负值，表明其体长生长速度为减速，其变化趋势呈现先快后慢，而后逐渐趋于平缓，最后趋近于零。体重生长曲线表明，哲古错拉萨裸裂尻鱼体重生长速度均为正值，呈现先上升后下降的趋势，具有明显的生长拐点，在拐点年龄之后体重生长速度逐渐下降；体重生长加速度在靠近拐点年龄之前为正值，并且在约 5 龄之后，体重生长加速度逐渐下降，靠近拐点年龄之后呈现负增长的趋势。

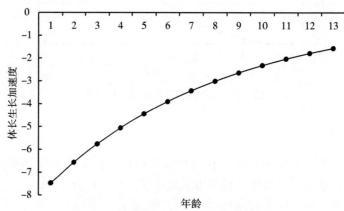

图 4-9　拉萨裸裂尻鱼体长生长加速度曲线

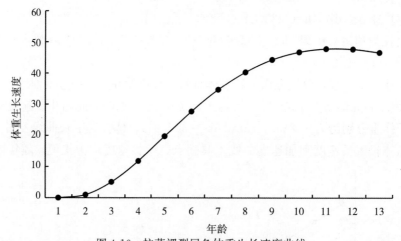

图 4-10　拉萨裸裂尻鱼体重生长速度曲线

　　鱼类年龄结构和生长特性是开展鱼类种群动力学研究的基础，是分析和评价种群变动趋势的重要依据之一（Uckun et al.，2006）。了解鱼类各个生活阶段的生长速度，对其资源的利用与保护具有重要意义（刘勇等，2005）。本研究中，体长-体重生长关系式中系数 b 值为 2.857 7，与标准值 3 无显著差异，表明该鱼为匀速生长类型（王永明等，2016），满足使用 von Bertalanffy 生长方程的前提条件（颜云榕等，2011）。

　　生长系数 k 代表的是到达渐近体长 L_∞ 的斜率参考值（Branstetter，1987）。在未分雌雄的情况下，哲古错拉萨裸裂尻鱼群体的生长指数 k 值为 0.130，显著高于错鄂裸鲤（*Gymnocypris cuoensis*）（杨军山等，2002）、色林错裸鲤（*Gymnocypris selincuoensis*）、青海

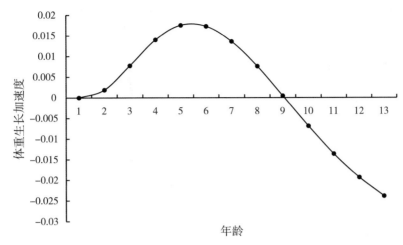

图 4-11 拉萨裸裂尻鱼体重生长加速度曲线

湖裸鲤（Chen et al.，2009）等高原湖泊鱼类，以及生活在雅鲁藏布江及其支流的双须叶须鱼（*Ptychobarbus dipogon*）（杨鑫等，2015）和尖裸鲤（*Oxygymnocypris stewartii*）（霍斌，2014）等鱼类。根据 von Bertalanffy 生长方程推测拉萨裸裂尻鱼极限体长为 443.2mm，较上述裂腹鱼类为最小，且在群体中发现的最大个体为 358.1mm，与色林错裸鲤（Chen et al.，2009）现有的体长相似，均属于高原湖泊的小型鱼类。Pauly 等（1988）指出生长特征指数 φ 与生长速度正相关，可以较为系统地对不同地理种群的生长性能进行描述。本研究中，哲古错拉萨裸裂尻鱼的 φ 为 4.407，与错鄂裸鲤（杨军山等，2002）和色林错裸鲤（Chen et al.，2009）等高原湖泊鱼类相近，但小于双须叶须鱼（杨鑫等，2015）和尖裸鲤（霍斌，2014）等生活在雅鲁藏布江及其支流的裂腹鱼类，并且高原湖泊裂腹鱼类的个体要明显小于河流生活的个体，说明鱼类生长性能与其生活的环境密切相关。可能的原因是河流流速快，饵料资源丰富，环境适宜，更适合高原鱼类生长；由于哲古错海拔与错鄂和色林错海拔相近，这使得同样生活在高海拔湖泊的鱼类生长均较为缓慢。

以上部分结果的差异，可能是由于采样的季节与渔具的选择不同所造成，由于采样一般选择在 5 月和 9 月进行，时间跨度较大（2017 年 9 月至 2019 年 5 月），但是对于资源现状的反映具有代表性，可以弥补短期单一采样数据的不足。此外，由于渔具的改进，使用地笼辅助捕鱼，使得低龄鱼个体占比较大。在本研究中，除了使用刺网外，还使用地笼等渔具，使得捕获的个体样本年龄结构更加全面。

第二节　繁殖特性

一、实验方法

采样后解剖时即将各样本的卵粒取出，置于解剖盘中，使用镊子和解剖针进行分离并计数。性腺观察按照《内陆水域渔业自然资源调查手册》的要求进行。

种群繁殖力的计算采用与第三章第二节"四、繁殖力"中相同的方法。

二、繁殖力及成熟系数

拉萨裸裂尻鱼繁殖群体绝对繁殖力为 9 120～35 223 粒，平均绝对繁殖力为 17 413 粒；相对繁殖力为 29～62 粒/g，平均相对繁殖力为 49 粒/g；成熟系数为 12.8%～33.5%，平均成熟系数为 19.0%。

目前的调查显示，哲古错拉萨裸裂尻鱼资源较少，但是对于维持水体中间平衡具有重要意义（覃亮等，2009；胡海彦等，2011）。哲古错作为候鸟迁徙重要的中转站，具有重要的地理意义。其中越冬地分布于西藏南部的斑头雁（刘冬平等，2010），而哲古错满足其作为迁徙通道的生境要求（郝美玉等，2013），作为世界上唯一一种每年两次飞越喜马拉雅山脉的珍稀鸟类，鱼类作为斑头雁重要的能量补给来源，对于其成功越冬具有重要意义。因此，针对拉萨裸裂尻鱼目前的资源现状，建议采取以下保护措施：禁止一切捕捞活动；加强产卵场生境的保护，建立围栏以防牧民放牧破坏产卵场。当哲古错流域进入丰水期后，业久曲流量增大，水流速为 0.1m/s，水深可达 40cm，平均水温为 10℃，符合拉萨裸裂尻鱼溯河产卵需求。5 月下旬，个体成熟的拉萨裸裂尻鱼开始聚集于业久曲附近水域，比较容易获得。因此，对业久曲附近拉萨裸裂尻鱼产卵场的保护尤为重要。此外，可借助美丽的自然风光、淳朴的民风以及独特的水生动植物资源建立一个集旅游、生态保护为一体的自然保护区，带动相关产业发展。所谓"授人以鱼不如授人以渔"，这对于提高当地贫困人口的收入、建设小康社会具有重要意义。

第五章
哲古错异尾高原鳅生物学特征

哲古错是位于喜马拉雅山北麓东段山间盆地内的高原湖泊，处于印度洋西南季风的背风区，属草原半干旱气候，降水量十分有限，年均气温 4.0℃ 左右（王苏民和窦鸿身，1998）。在此独特的环境条件下仅特殊鱼类能生存，高原鳅属便是其类群之一（梁文涛，2014）。目前，有关高原鳅属鱼类的生物学资料并不多，仅涉及少数几个物种，且研究多集中在其系统分类和地理分布方面，对于年龄与生长特性少有涉及（张雪飞等，2010）。异尾高原鳅（*Triplophysa stewartii* Hora）隶属于鲤形目（Cypriniformes）、鳅科（Cobitidae）、条鳅亚科（Noemacheilinae）、高原鳅属（*Triplophysa*），别名刺突高原鳅、刺突条鳅、长鳍条鳅（图 5-1），广泛分布于西藏湖泊和河流的缓流河段，主要包括班公湖、纳木错、昂拉仁错、色林错等，以及青海的沱沱河（武云飞和吴翠珍，1982；朱松泉，1989）。

本项目通过对西藏哲古错异尾高原鳅的形态学、年龄结构、生长与繁殖等生物学特性进行研究，旨在确定其年龄鉴定方法，了解其生长规律，为异尾高原鳅种群动态评估、高原适应性研究等工作奠定基础，同时也为其资源保护积累基础资料，提供理论指导（曾霖和唐文乔，2010）。

图 5-1　西藏哲古错异尾高原鳅

第一节　形态学

一、外部形态特征

异尾高原鳅体延长，前躯略粗圆（稍隆起），近尾处侧扁。尾柄低且细。头略平扁。吻部短钝，吻长等于或小于眼后头长。口下位，口裂较小。唇厚，上唇边缘有流苏状乳突，下唇多深褶皱和乳突。下颌匙状，不外露。须 3 对，中等长。外吻须伸至鼻孔和眼前缘之间的下方，口角须伸至眼中心和眼后缘之间的下方。体表裸露无鳞，皮肤光滑，侧线完全。背鳍前后各有 3～5 块深褐色横斑，一般宽于两横斑间的间隔，有的背前为不规则斑块，体侧有不规则褐色斑点和斑块，通常沿侧线有 1 列深褐色斑块或侧线处颜色更深。鳍较长，各鳍均有褐色小斑点，背、尾鳍最多。背鳍起点在腹鳍起点前或相对，腹鳍末端伸至臀鳍基部起点。尾鳍后缘凹入，上叶长。鳔后室为长袋形的膜质室，游离于膜腔中，有的中段有收缢。肠短，绕折成大 Z 形，有的呈小螺旋状（武云飞和吴翠珍，1992；朱松泉，1989；西藏自治区水产局，1995）。

二、形态数据测量

（一）传统形态学

参考《内陆水域渔业自然资源手册》（张觉民和何志辉，1991）、《四川鱼类志》（丁瑞华，1994）、《青藏高原鱼类》（武云飞和吴翠珍，1992）和《鱼类生态学》（殷名称，1995）的方法对异尾高原鳅进行常规生物学数据的测定。以鱼体的左侧作为测量基准，为确保测量的精准度，采用机械游标卡尺进行点对点的测量。其中长度精确到 0.01mm。本研究共测量 29 个性状，分别为全长（total length，TL，吻端至尾鳍末端的距离）、体长（standard length，SL，又称标准长，吻端至尾鳍基部的水平距离）、叉长（fork length，FL，吻端到尾叉最深点的长度）、头长（head length，HL，吻端至鳃盖后缘的水平距离）、吻长（snout length，SNL，吻端至眼前缘的距离）、眼后头长（postorbital head length，PHL，眼眶后缘至鳃盖后缘的距离）、眼径（eye diameter，ED，眼睛前缘到后缘的直线距离）、眼间距（interorbital width，IW，左右两眼眶骨之间的最短距离）、鼻间距（Nasal diameter，ND，左右两鼻孔之间的直线距离）、内吻须长（inner rostral-barbel length，IBL，内吻须基部至末端的距离）、外吻须长（outer rostral-barbel length，OBL，外吻须基部至末端的距离）、口角须长（maxillary-barbel length，MBL，口角须基部至末端的距离）、体高（body depth，BD，身体最高垂直高度）、体宽（body width，BW，身体两侧最宽处的距离）、头高（head depth，HD，头的最大高度，即头的最高点到峡部的垂直距离）、头宽（head width，HW，两鳃盖骨之间最大宽度的直线距离）、尾柄长（caudal-peduncle length，CPL，臀鳍基部后缘至尾鳍基部的水平距离）、尾柄高（caudal-peduncle depth，CPD，尾柄最低处的高度）、尾柄厚（caudal-peduncle width，CPW，尾柄宽度）、背吻距（pre-dorsal length，PDL，吻端至背鳍起点的水平距离）、胸鳍长（pectoral-fin length，PL，胸鳍起点到胸鳍最长处的直线距离）、腹鳍长（ventral-fin length，VL，腹鳍起点到腹鳍最长处的直线距离）、臀鳍长（anal-fin length，AL，臀鳍起点到臀鳍最长处的直线距离）、臀鳍高（anal-fin depth，AFD，臀鳍起点到臀鳍最高处的垂直距离）、尾鳍长（caudal-fin length，CL，尾鳍基部至尾鳍末端的水平距离）、肛臀距（distance from anus to anal-fin origin，DAA，肛门至臀鳍起点的距离）、口宽（mouth width，MW，左右侧口角点之间的直线距离）、尾柄起点处高（vertical distance from the starting point of caudal-peduncle，CPVD）、尾柄起点处宽（width at the starting point of caudal-peduncle，CPW），具体见图 5-2。

（二）框架数据

参照李思发（1998）的方法对高原鳅属鱼类的框架系统选用了 12 个解剖学位点

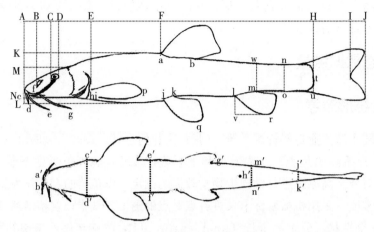

图 5-2　传统形态学测量指标

注：AJ：全长；AI：叉长；AH：体长；AC：吻长；CD：眼径；AE：头长；AF：背吻距；HJ：尾鳍长；KL：体高；MN：头高；cd：内吻须长；ce：外吻须长；fg：口角须长；hp：胸鳍长；jq：腹鳍长；lr：臀鳍长；no：尾柄高；mu：尾柄长；lv：臀鳍高；mw：尾柄起点处高；a′b′：口宽；c′d′：头宽；e′f′：体宽；g′h′：肛臀距；j′k′：尾柄厚；m′n′：尾柄起点处宽。

（landmark point），以此来对高原鳅进行框架测量，测量出 24 个框架数据（1-2、1-3、1-10、1-9、2-10、2-3、2-9、10-11、10-9、10-3、3-9、3-4、3-8、3-6、4-8、4-5、4-6、9-12、9-8、9-4、8-7、8-5、8-6、5-6。例如，1-2 表示框架点 1 与框架点 2 之间的距离），见图 5-3。

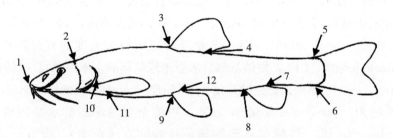

图 5-3　框架结构

注：1：吻端；2：枕后；3：背鳍起点；4：背鳍后基；5：尾鳍背部起点；6：尾鳍腹部起点；7：臀鳍后基；8：臀鳍起点；9：腹鳍起点；10：胸鳍起点；11：胸鳍后基；12：腹鳍后基。

（三）数据处理与分析

对高原鳅属鱼类的传统形态学数据（29 个）和框架数据（24 个）进行统计分析。为了消除鱼体大小以及其他因素对测量数据的影响，对传统可量性状的数据进行了相互间的比值校正（共得 31 项比值：头长/头高、头宽/头高、头长/眼径、头长/眼间距、头长/吻长、头长/尾柄长、头长/鼻间距、头长/眼后头长、头长/内吻须长、头长/外吻须长、头长/口角须长、头长/口宽、眼间距/眼径、尾柄长/尾柄高、体长/体高、体长/叉长、体长/头长、体长/体宽、体长/头宽、体长/尾柄高、体长/尾柄长、体长/尾柄厚、体长/尾柄起点处高、体长/尾柄起点处宽、背吻距/体长、体长/胸鳍长、体长/腹鳍长、体长/臀鳍高、体长/尾鳍长、体长/肛臀距、吻长/眼后头长);框架数据则用体长除以该数据予以校正(24 项)(梁文涛,2014;张鹗等,2004),结果详见表 5-1。

表 5-1 哲古错异尾高原鳅外部形态参数比值

性状	平均值±偏差	范围	文献记载
头长/头高	1.74±0.09	1.57~1.92	(1.71~2.70)[3]
头宽/头高	0.97±0.05	0.85~1.05	等于或稍大于1[1]
头长/眼径	6.00±0.48	4.80~6.88	(3.6~5.8)[1]、(4.2~6)[2]、(3.89~8.09)[3]
头长/眼间距	3.49±0.18	3.14~3.93	(2.5~4.7)[1]、(3.4~5)[2]
头长/吻长	2.60±0.18	2.31~3.20	(2.2~3.5)[1]、(2.6~3.4)[2]、(2.17~3.59)[3]
头长/尾柄长	0.92±0.06	0.81~1.10	—
头长/鼻间距	4.93±0.28	4.50~5.59	—
头长/眼后头长	2.26±0.10	2.13~2.57	—
头长/内吻须长	4.89±0.61	4.16~6.56	—
头长/外吻须长	3.66±0.44	3.06~4.58	—
头长/口角须长	3.13±0.39	2.60~4.24	(2.42~5.37)[3]
头长/口宽	3.27±0.21	2.96~3.72	(3.34~5.60)[3]
眼间距/眼径	1.72±0.15	1.44~2.04	(1.1~1.6)[1]、(1.00~1.93)[3]
尾柄长/尾柄高	5.42±0.35	4.86~6.29	(3.2~7.3)[1]、(4.85~7.50)[2]、(2.94~9.00)[3]
体长/体高	6.26±0.48	5.38~7.64	(4.4~9.1)[1]、(5.7~10.1)[2]、(5.05~7.96)[3]
体长/叉长	0.87±0.01	0.86~0.88	—
体长/头长	4.32±0.16	3.91~4.65	(3.6~5.5)[1]、(4.1~5.2)[2]、(3.44~5.28)[3]
体长/体宽	7.33±0.48	6.56~8.53	—
体长/头宽	7.80±0.47	7.02~8.75	—
体长/尾柄高	21.49±1.10	19.81~24.03	—
体长/尾柄长	3.97±0.15	3.73~4.32	(3.3~4.7)[1]、(3.3~4.5)[2]、(3.23~5)[3]
体长/尾柄厚	30.76±4.76	22.05~41.21	—
体长/尾起高	14.39±0.85	12.61~16.56	—
体长/尾起宽	13.00±0.95	11.64~15.78	—
背吻距/体长	0.49±0.01	0.47~0.51	(0.47~0.52)[1]
体长/胸鳍长	5.33±0.26	4.88~5.84	—
体长/腹鳍长	6.30±0.27	5.78~6.89	—
体长/臀鳍高	16.78±3.75	10.96~23.07	

（续）

性状	平均值±偏差	范围	文献记载
体长/尾鳍长	5.36±0.31	4.81～5.99	—
体长/肛臀距	39.45±4.76	29.19～46.89	—
吻长/眼后头长	0.87±0.08	0.70～1.08	≤1[1]
体长/1-2	5.03±0.17	4.76～5.39	—
体长/1-3	2.02±0.05	1.90～2.10	—
体长/1-10	4.08±0.12	3.76～4.37	—
体长/1-9	1.94±0.05	1.80～2.02	—
体长/2-10	7.72±0.36	6.96～8.40	—
体长/2-3	3.23±0.12	2.95～3.65	—
体长/2-9	2.83±0.09	2.62～3.03	—
体长/10-11	20.87±1.96	18.55～27.56	—
体长/10-9	3.52±0.16	3.04～3.86	—
体长/10-3	3.44±0.16	3.16～3.83	—
体长/3-9	6.52±0.44	5.89～7.59	—
体长/3-4	7.47±0.46	6.64～8.68	—
体长/3-8	4.26±0.16	3.98～4.65	—
体长/3-6	2.08±0.04	2.00～2.19	—
体长/4-8	8.27±0.69	5.96～9.63	—
体长/4-5	2.87±0.08	2.69～3.07	—
体长/4-6	2.84±0.17	2.06～3.07	—
体长/9-12	26.45±1.84	23.26～30.00	—
体长/9-8	6.11±0.33	5.69～7.06	—
体长/9-4	6.77±0.40	6.08～7.65	—
体长/8-7	13.11±1.07	10.88～15.59	—
体长/8-5	3.40±0.14	3.11～3.82	—
体长/8-6	3.57±0.16	3.29～3.99	—
体长/5-6	20.17±1.20	17.83～23.16	—

注：数据为平均值±标准差，单位 mm。[1] 为《中国条鳅志》（朱松泉，1986）（采自西藏多钦湖、戳错龙错、羊卓雍错、拉萨市内坑塘、那曲、班公湖、奇林湖、加仁错、斯潘古尔湖等）；[2] 为《西藏鱼类及其资源》（西藏自治区水产局，1995）（采自班戈错、蓬错、申扎藏布、尼戈芒错）；[3] 为《青藏高原鱼类》（武云飞和吴翠珍，1982）（采自纳木湖、长江源头、拉萨、多钦湖、羊卓雍错、班公湖）。

第二节　年龄结构与生长特性

一、体长与体重分布

（一）体长

2017 年 6 月至 2019 年 5 月，在哲古错进行异尾高原鳅样品采集，通过对其体长的测量与分析，结果显示，哲古错异尾高原鳅体长范围为 3.47～14.3cm，平均值为 8.70cm，主要集中在 7.0～11.0cm。与《中国条鳅志》（朱松泉，1989）和《西藏鱼类及其资源》（西藏自治区水产局，1995）中关于异尾高原鳅的记载相近，但比《青藏高原鱼类》（武云飞和吴翠珍，1982）中异尾高原鳅的体长稍小。具体表现为 2017 年 6 月渔获物体长范围为 3.47～10.73cm，平均值为 7.79cm，主要集中在 7.0～9.0cm（图 5-4）；2018 年 6 月渔获物体长范围为 3.9～12.5cm，平均值为 7.91cm，也是主要集中在 7.0～9.0cm（图 5-5）；2018 年 9 月渔获物体长范围为 3.77～12.9cm，平均值为 8.92cm，主要集中在

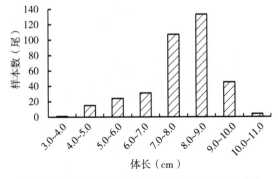

图 5-4　2017 年 6 月哲古错异尾高原鳅体长分布

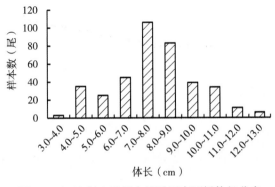

图 5-5　2018 年 6 月哲古错异尾高原鳅体长分布

8.0～10.0cm（图5-6）；2019年6月渔获物体长范围为5.7～14.3cm，平均值为10.06cm，主要集中在9.0～11.0cm（图5-7）。随着采样时间的延后，异尾高原鳅的体长呈现逐渐增大的趋势（图5-8）。

将异尾高原鳅雌雄群体的体长分别进行统计分析，发现其雌性群体体长范围为5.08～14.3cm，平均值为9.46cm；雄性群体体长范围为4.61～14cm，平均值为8.73cm。结果表现为雌性群体的体长稍大。详见图5-9。

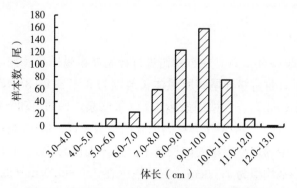

图5-6　2018年9月哲古错异尾高原鳅体长分布

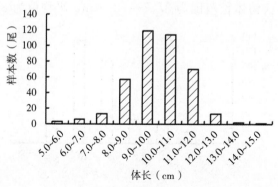

图5-7　2019年6月哲古错异尾高原鳅体长分布

图5-8　哲古错异尾高原鳅4次采样渔获物的平均体长

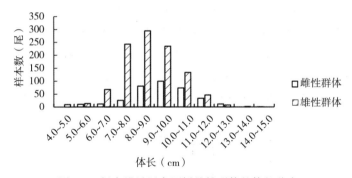

图 5-9 哲古错异尾高原鳅雌雄群体的体长分布

（二）体重

通过对哲古错异尾高原鳅的体重进行测量与分析，发现其体重范围为 0.4～28.7g，平均值为 7.70g，主要集中在 4.0～12.0。具体表现为 2017 年 6 月体重范围为 0.4～13.02g，平均值为 5.37g，主要集中在 4.0～8.0g（图 5-10）；2018 年 6 月体重范围为 0.5～26.3g，平均值为 5.93g，主要集中在 8.0g 以下（图 5-11）；2018 年 9 月体重范围为 1.2～20.4g，平均值为 8.23g，主要集中在 4.0～12.0g（图 5-12）；2019 年 6 月体重范围

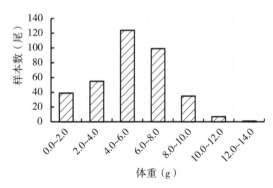

图 5-10 2017 年 6 月哲古错异尾高原鳅体重分布

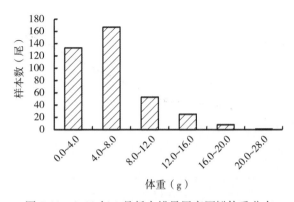

图 5-11 2018 年 6 月哲古错异尾高原鳅体重分布

为 1.6～28.7g，平均值为 10.91g，主要集中在 4.0～16.0g（图 5-13）。与异尾高原鳅的体长变化类似，随着采样时间的延后，其体重也呈现增大的趋势且增加明显（图 5-14）。

将异尾高原鳅雌雄群体的体重分别进行统计分析，发现其雌性群体体重范围为 5.08～25.2g，平均值为 9.39g；雄性群体体重范围为 0.77～28.7g，平均值为 7.65g。较大体重虽出现在雄性群体中，但雌性群体平均体重大于雄性群体。详见图 5-15。

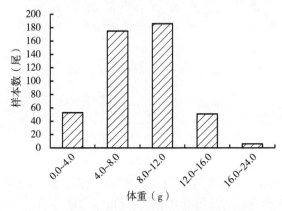

图 5-12　2018 年 9 月哲古错异尾高原鳅体重分布

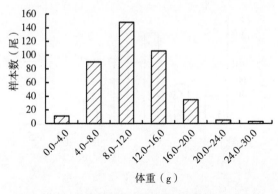

图 5-13　2019 年 6 月哲古错异尾高原鳅体重分布

图 5-14　哲古错异尾高原鳅 4 次采样渔获物的平均体重

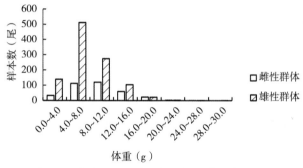

图 5-15　哲古错异尾高原鳅雌雄群体的体重分布

二、年龄分布

利用耳石作为哲古错异尾高原鳅年龄鉴定的材料，了解其年龄组成状况，可以预测资源变动，并有助于制定相关保护对策。通过对 2018 年 9 月采集的异尾高原鳅样本进行年龄鉴定，结果表明异尾高原鳅年龄主要集中在 3～5 龄，所占比例分别约为 31%、36%、24%；年龄最小的为 1 龄，所占比例约为 0.3%，年龄最大的为 6 龄，所占比例为 6%。2019 年 6 月采样时为补充低龄个体，增加了地笼作为采集工具，故获取异尾高原鳅幼体较多，其年龄主要集中在 1～3 龄。综合以上两次样本年龄结果进行分析（图 5-16），发现哲古错异尾高原鳅的年龄均为 1～6 龄，且高龄鱼比例偏低，幼龄个体占比大，其中雌性群体多集中在 1～2 龄，雄性群体多集中在 3～4 龄，雌雄群体均表现出 6 龄鱼数目最少，鱼类年龄结构简单，低龄化明显。与怒江细尾高原鳅（邓华堂等，2010）、新疆克孜河叶尔羌高原鳅（曾霖和唐文乔，2010）、大渡河上游麻尔柯河高原鳅（张雪飞等，2010）、雅鲁藏布江中游东方高原鳅（李亮涛等，2016）的年龄结构相比，哲古错异尾高原鳅的最大年龄值较小，年龄结构更简单。

低龄个体在渔获物中所占的比例大，说明其资源未受到人为影响，补充群体数量充足。这可能主要是由于其生活的青藏高原地区人烟稀少，且与同湖泊内其他鱼类相比个体较小，所以并无捕捞压力（邓华堂等，2010）。

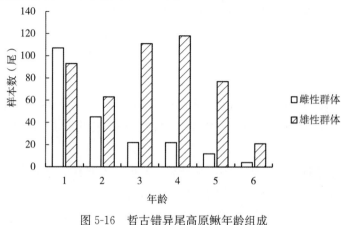

图 5-16　哲古错异尾高原鳅年龄组成

三、体长与体重关系

研究鱼类体长和体重的关系，可以为其生物学特性积累基础资料，在渔业生产及资源评估中发挥着指导性的作用（尹邦一等，2017）。协方差分析（ANCOVA）结果显示，哲古错异尾高原鳅的体长与体重关系在雌雄间差异不显著（$P > 0.05$），因此未分离处理雌雄群体数据。本研究对西藏哲古错异尾高原鳅体长与体重的关系进行了拟合，分析了两者的相关性，符合幂函数公式 $W = aL^b$。当 b 值等于 3（或约等于 3）时，鱼类的生长才为等速生长（殷名称，1995）。对西藏哲古错异尾高原鳅的体重（W）和体长（L）关系经回归分析其拟合关系式为：$W = 0.010\ 2L^b$（$R^2 = 0.889\ 5$，$n = 1\ 616$），其中 $b = 3.011\ 5$，与"3"无显著差异，属于等速生长，符合 von Bertalanffy 生长方程推算前提，详见图 5-17。

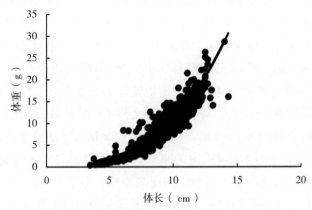

图 5-17　哲古错异尾高原鳅的体长-体重关系

四、体长与体重生长

实测体长和体重方程的回归系数 b 值与 3 无显著差异，表明异尾高原鳅体长和体重的生长符合等速生长的先决条件，选用 von Bertalanffy 生长方程来拟合，该生长方程能够正确描述种群的生长特性。通过 Beverton 法和 Ford 方程求得，渐进体长 $L_\infty = 13.891$，生长参数 $k = 0.168$，$t_0 = -2.895$，将上述参数代入 von Bertalanffy 生长方程，得到异尾高原鳅体长增长方程：$L_t = 13.891\ [1 - e^{-0.168(t+2.895)}]$（$R^2 = 0.940$，$L$ 的单位为 cm）；依据体长体重拟合关系得到体重增长方程：$W_t = 28.179\ [1 - e^{-0.168(t+2.895)}]^{3.011\ 5}$（$R^2 = 0.991$，$W$ 的单位为 g）。体长的生长曲线不具有拐点，开始上升很快，随着年龄增大，逐渐趋向体长渐进值 L_∞（图 5-18）。体重生长曲线表现出在生长拐点（$t = 3.653$）后生长变得缓慢（图 5-19）。

生长参数 k 是描述生长特性的另一个指标，k 值的不同在一定程度上反映出不同物种或同一物种不同种群在生长上表现出的差异。Branstetter（1987）根据其有关研究结果将鱼类的生长速度与 k 值的大小联系起来，若 k 值在 $0.05 \sim 0.10$，则表示该鱼类生长速度

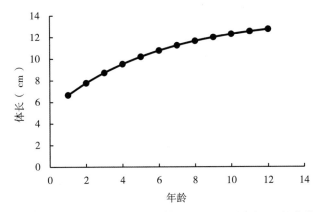

图 5-18　哲古错异尾高原鳅的体长 von Bertalanffy 生长曲线

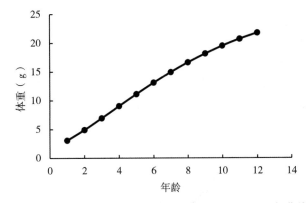

图 5-19　哲古错异尾高原鳅的体重 von Bertalanffy 生长曲线

缓慢；若 k 值在 0.10～0.20，则表示该鱼类呈均匀生长；若 k 值在 0.20～0.50，则表示该鱼类呈快速生长。本研究结果表明，西藏哲古错异尾高原鳅的生长参数 k 值为 0.168，说明该鱼类呈匀速生长。哲古错异尾高原鳅的 k 值比青海北川河流域的拟鲇高原鳅（姚娜等，2019）及雅鲁藏布江中游东方高原鳅（李亮涛等，2016）的 k 值小，或许与哲古错异尾高原鳅的饵料不够丰富有关；哲古错异尾高原鳅的 k 值与大渡河上游麻尔柯河高原鳅（张雪飞等，2010）相近，但其 L_∞ 和 W_∞ 均比大渡河上游麻尔柯河高原鳅小，说明除了水中饵料丰度的影响，还有其他原因（海拔、水温等）导致了哲古错异尾高原鳅的个体较小。高海拔、低水温的栖息环境会在一定程度上降低湖中鱼类的代谢速率，从而使其生长速率也随之下降（霍斌，2014）。

生长特征指数 φ 与生长速度正相关，可以较为系统地对不同地理种群的生长性能进行描述。西藏哲古错异尾高原鳅生长特征指数 φ 为 1.510，比同一水域中高原裸鲤的生长特征指数 φ（4.399）小很多，说明其比高原裸鲤生长缓慢得多。

五、生长速度与生长加速度

以异尾高原鳅体长和体重生长方程为基础，分别进行一阶求导数、二阶求导数，得到体长与体重的生长速度和生长加速度方程：

体长生长速度：$dL/dt = 2.330\,533 e^{-0.168(t+2.895)}$

体重生长速度：$dW/dt = 14.237\,5 e^{-0.168(t+2.895)} \left[1 - e^{-0.168(t+2.895)}\right]^{2.011\,5}$

体长生长加速度：$d^2L/dt^2 = -0.391\,01 e^{-0.168(t+2.895)}$

体重生长加速度：$d^2W/dt^2 = 2.388\,702 e^{-0.168(t+2.895)} \left[1 - e^{-0.168(t+2.895)}\right]^{1.0115} \left[3.011\,5 e^{-0.168(t+2.895)} - 1\right]$

依据公式 $t_i = t_0 + \ln(b/k)$，求得异尾高原鳅的生长拐点年龄为 3.653，与之对应的体长和体重分别为 $L_i = 9.261\text{cm}$、$W_i = 8.310\text{g}$。在此拐点前是鱼体生长快速阶段，拐点之后是慢速生长阶段。西藏哲古错异尾高原鳅体重生长的拐点年龄与东方高原鳅（$T.\,orientalis$）和麻尔柯河高原鳅（$T.\,markehenensis$）的拐点年龄（李亮涛等，2016；张雪飞等，2010）相比，异尾高原鳅的生长拐点年龄较小，说明其快速生长期较短，较早进入慢速生长阶段。

体长生长速度曲线和体长生长加速度曲线（图 5-20、图 5-21）显示，随着时间的增加，体长生长速度不断递减。体重生长速度曲线（图 5-22）和体重生长加速度曲线（图 5-23）显示，当 $t < 3.653$ 龄时，体重生长速度上升，体重生长加速度下降，但位于 t 轴上方，仍是正值，说明 3.653 龄前是体重生长递增阶段，但其递增速度逐渐降低；当 $t =$

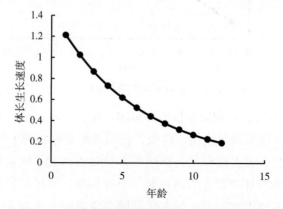

图 5-20　哲古错异尾高原鳅的体长生长速度曲线

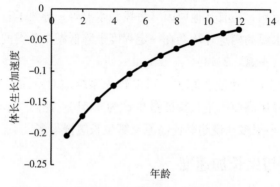

图 5-21　哲古错异尾高原鳅的体长生长加速度曲线

3.653 龄时，体重生长速度最大，体重生长加速度为 0；当 $t>3.653$ 龄时，体重生长速度和体重生长加速度均下降，且体重生长加速度位于 t 轴下方，为负值，说明体重生长进入缓慢期；约 8 龄时，体重生长加速度降至最小值，而后又逐渐增加，说明随着体重生长速度进一步下降，其递减速度也逐渐趋于缓慢，个体开始进入衰老期。此后，鱼体体长与体重将逐渐趋于渐进值，而生长速度和加速度也逐渐趋于 0。

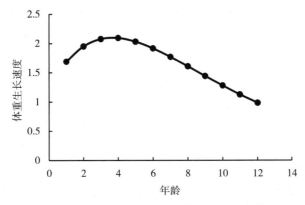

图 5-22　哲古错异尾高原鳅的体重生长速度曲线

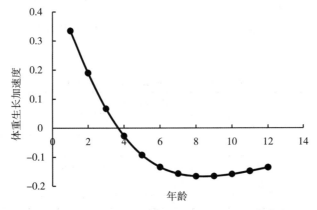

图 5-23　哲古错异尾高原鳅的体重生长加速度曲线

六、肥满度

肥满度（K）又称丰满系数，是鱼类体长与体重关系的另一种表达方法，常用来衡量鱼体丰满程度和营养状况的指标。不同季节捕捞的鱼，肥满度也不同，因为肥满度与摄食强弱、繁殖前后都有关系。采用两种方法进行肥满度的计算，其中 Fulton（1920）受食物饱满程度和性腺发育等的影响，一般偏大。方法如下：

Fulton（1920）：

$$K = 100 \times W / L^3$$

式中，W 表示体重；L 表示体长。

Clark（1928）：

$$K = 100 \times W_{\mathrm{N}} / L^3$$

式中，W_{N} 表示空壳重；L 表示体长。

如表 5-2 所示，采用 Fulton 和 Clark 两种方法计算异尾高原鳅雌雄个体的肥满度大小结果基本一致，这与其雌性个体较少处于怀卵期有关。异尾高原鳅雄性个体的 Fulton 肥满度波动范围为 0.506～3.701，平均为 1.078；雌性个体的 Fulton 肥满度波动范围为 0.551～2.044，平均为 1.041，略低于雄性个体。雄性个体的 Clark 肥满度波动范围为 0.193～2.284，平均为 0.896；雌性个体的 Clark 肥满度波动范围为 0.108～1.772，平均为 0.791，也低于雄性个体。另外，所有体长组都统一表现出雄性个体的肥满度高于雌性个体。4～6cm 雄性个体组的 Fulton 肥满度和 Clark 肥满度都高于其他雄性个体组，说明雄性个体在体长为 4～6cm 时肥满度最大；而雌性个体的肥满度结果却出现了分歧，4～6cm 雌性个体组的 Fulton 肥满度最高，而 Clark 肥满度最大值却在 8～10cm 雌性个体组内。通过采样分析也发现 9 月异尾高原鳅的 Fulton 肥满度和 Clark 肥满度均大于 6 月异尾高原鳅的肥满度，说明 6 月时异尾高原鳅摄食所得的能量除了用于鱼体生长外，还要用于性腺发育，为繁殖做准备。比较发现，哲古错异尾高原鳅的 Fulton 肥满度和 Clark 肥满度均小于白龙江上游的黑体高原鳅（王华等，2008）及赛里木湖的新疆高原鳅（郭焱等，2002），或许与西藏哲古错的环境恶劣、水中饵料丰度不高有关。异尾高原鳅常以剑水蚤、盘肠蚤、摇蚊幼虫等为食，而在哲古错湖泊中以轮虫与枝角类为优势种，剑水蚤和盘肠蚤也只在春季有发现。

表 5-2　哲古错异尾高原鳅肥满度变化

| 方法 | 体长组（cm） | | | | | | | | | | 平均值 | |
| | 4～6 | | 6～8 | | 8～10 | | 10～12 | | 12～15 | | | |
	♂	♀	♂	♀	♂	♀	♂	♀	♂	♀	♂	♀
Fulton	1.184	1.079	1.087	1.025	1.080	1.055	1.049	1.029	0.972	0.953	1.078	1.041
Clark	0.937	0.755	0.888	0.795	0.907	0.829	0.879	0.743	0.782	0.673	0.896	0.791

注：表中数字为平均值。

第三节　繁殖特性

繁殖是鱼类生活史的重要环节，不同鱼类具有不同的繁殖策略，与其生存环境相适应，这种适应性与产卵群体的组成、产卵条件等相关。鱼类的繁殖特性是遗传因素和环境因素共同作用的结果，是对周围环境的响应（殷名称，1995）。鱼类雌雄以第一性征或第二性征来区别（谢从新，2009），高原鳅属雄性鱼类具有显著的第二性征，多为眼与口角、眼与后鼻孔间及胸鳍背面布满小刺突（或称绒毛状小结节）。繁殖季节时，雄性高原鳅的第二性征更加明显，形成后一般不发生变化。而高原鳅在繁殖时多有追逐，可能是雄鱼吻部和胸鳍的第二性征有利于其在流水环境中有效附着雌鱼，从而提高受精率（朱松泉，1989；侯飞侠等，2010）。经观察发现，异尾高原鳅在生殖季节时，雌鱼腹部膨大柔软，卵巢轮廓明显，胸鳍第一根鳍条平直，胸鳍呈圆扇形，生殖孔红肿，卵呈米黄色。雄鱼体型瘦长，胸鳍第一根鳍条粗大略弯曲，胸鳍呈尖扇形，生殖孔不红肿，腹部较硬，但能挤出乳白色的精液。

一、性比

性比是指鱼群中雌雄鱼的数量比例。性比是决定种群繁殖力的重要因素之一，雌性占优势是维持和增加种群数量的手段。种群性比是种群结构特点和变化的一种反映，具有种的特性，也受到环境因子的影响（谢从新，2009）。雌性占优势是维持和增加种群数量的手段，然而经统计得哲古错异尾高原鳅雌雄性比为 1：3.01。种群的性比并非一成不变，当生活条件发生变化时，雌雄比例会改变，这是一种生态适应，有助于种群的发展与延续。

二、性腺成熟度

捕获的个体性腺发育到Ⅳ期评定为成熟，哲古错异尾高原鳅在种群性腺成熟度方面表现为 5 月捕获的异尾高原鳅性腺成熟个体多，9 月捕获的异尾高原鳅几乎没有性腺成熟的个体，因此判断哲古错异尾高原鳅从春季末（5月）已进入了繁殖期。

5 月时，雌性异尾高原鳅中成熟的个体占总体的 74.65%，雄性异尾高原鳅中成熟的个体占 62.07%。雌性群体性腺成熟度多在Ⅲ期、Ⅳ期和Ⅴ期，分别占总体的 16.20%、16.90% 和 41.90%，Ⅴ期的个体居多，说明此时该种群接近一半的雌性个体成熟度较高；而雄性群体性腺成熟度多在Ⅱ期、Ⅳ期和Ⅴ期，分别占总体的 23.41%、22.50% 和 31.22%。

三、成熟系数

成熟系数是衡量鱼类性腺发育的一个标志。哲古错异尾高原鳅繁殖群体中雌性群体的平均成熟系数为 2.37%，最高可达 5.42%，一般来说成熟系数越高，性腺发育越好（谢从新，2009）。雄性群体的平均成熟系数为 1.57%，小于雌性群体的成熟系数。经比较发现，高原鳅属鱼类不同种类间的成熟系数差别较大，但普遍规律为雄性群体成熟系数明显低于雌性群体成熟系数，且哲古错异尾高原鳅雌性群体性腺成熟系数比其他高原鳅都低得多，而雄性群体的性腺成熟系数与赛里木湖新疆高原鳅、白龙江黑体高原鳅相比相近或稍大（何学福等，1999；郭焱等，2002；王华等，2008；刘鸿艳等，2009；曾霖和唐文乔，2010），说明哲古错异尾高原鳅雌性个体性腺发育较差。综合生长特性与成熟系数，哲古错异尾高原鳅年生长期短，个体小，饵料条件差，在低温条件下发育缓慢，显示了其对特定环境条件的适应。

四、繁殖力

哲古错异尾高原鳅繁殖群体绝对繁殖力为1 040～10 176粒，平均绝对繁殖力为4 397粒；相对体重繁殖力254～976粒/g，平均相对体重繁殖力为541粒/g；相对体长繁殖力165～855粒/cm，平均相对体长繁殖力为412粒/cm。将哲古错异尾高原鳅不同体长组（体重组）间的平均绝对繁殖力进行比较，发现随着体长（体重）的增加，其平均绝对繁殖力也有所增加（图5-24、图5-25）。

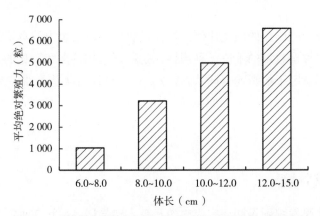

图5-24　哲古错异尾高原鳅不同体长组的平均绝对繁殖力

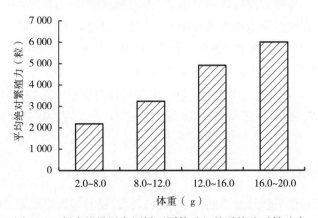

图5-25　哲古错异尾高原鳅不同体重组的平均绝对繁殖力

异尾高原鳅的绝对繁殖力（个体繁殖力）与各生物学参数经相关分析发现，其个体繁殖力与体长、体重、性腺重、空壳重、成熟系数具有正相关性且呈显著相关（$P<0.05$），与鱼体肥满度相关关系不显著（$P>0.05$）。采用回归分析法分别检验体长、体重、性腺重、空壳重、成熟系数与绝对繁殖力的关系。由决定系数可知，哲古错异尾高原鳅的绝对繁殖力（个体繁殖力）与性腺重关系最显著，其次为体重和成熟系数。

西藏哲古错异尾高原鳅的绝对繁殖力（F）和体长（L）关系是一种二次函数增长关系（图5-26），经回归分析其拟合关系式如下：

$$F = 53.179 L^2 - 68.471L - 762.59 \quad (R^2 = 0.464\ 8)$$

绝对繁殖力和体重（W）关系呈二次函数相关（图5-27），经回归分析其拟合关系式如下：

$$F = 10.661W^2 + 139.84W + 893.79 \quad (R^2 = 0.653\ 5)$$

绝对繁殖力和空壳重（W_N）关系呈二次函数相关（图5-28），经回归分析其拟合关系式如下：

$$F = -14.469W_N^2 + 810.34\ W_N - 1\ 135.2 \quad (R^2 = 0.499\ 9)$$

绝对繁殖力和性腺重（Wo）关系呈线性相关（图5-29），经回归分析其拟合关系式如下：

$$F = 17\ 760W_O + 254.98 \quad (R^2 = 0.981\ 9)$$

绝对繁殖力和成熟系数（M）关系呈二次函数相关（图5-30），经回归分析其拟合关系式如下：

$$F = 38.383M^2 + 1\ 442.2\ M - 25.306 \quad (R^2 = 0.618\ 8)$$

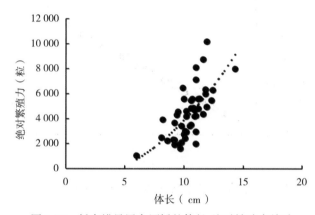

图 5-26　哲古错异尾高原鳅的体长-绝对繁殖力关系

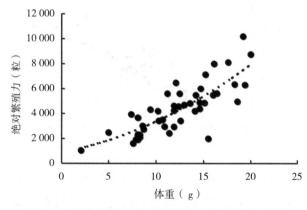

图 5-27　哲古错异尾高原鳅的体重-绝对繁殖力关系

鱼类繁殖习性及个体繁殖力的大小与环境、营养等因素密切相关，是物种本身与外界环境长期相适应而进化的结果（肖调义等，2003；温海深等，1998）。即繁殖力体现了物种或种群对环境改变的适应特征，研究异尾高原鳅的繁殖力有利于估测该种群的数量变动

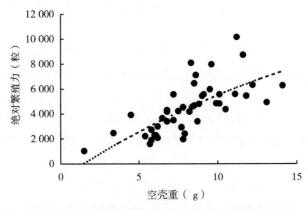

图 5-28　哲古错异尾高原鳅的空壳重-绝对繁殖力关系

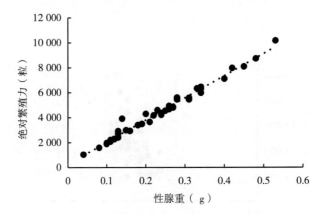

图 5-29　哲古错异尾高原鳅的性腺重-绝对繁殖力关系

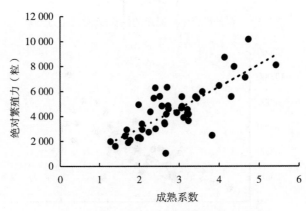

图 5-30　哲古错异尾高原鳅的成熟系数-绝对繁殖力关系

（Levanduski and Cloud，1988；Le Page and Cury，1997）。研究发现，对哲古错异尾高原鳅个体繁殖力影响较大的有性腺重和表示性腺发育情况的成熟系数，而表示营养状况的肥满度却作用不大。因此，繁殖力虽多受环境因子的影响，但最终仍由性腺的发育决定。

　　相对繁殖力可用来比较大小不同的不同种群或同种群的繁殖力。哲古错异尾高原鳅的平均相对体长繁殖力与大宁河贝氏高原鳅相近，比拉萨河西藏高原鳅和马宁河贝氏高原鳅的平均相对体长繁殖力高。异尾高原鳅与同湖高原裸鲤相比，其相对繁殖力高，所怀的卵体积小、数量大，每个卵成功发育成为成体的机会较小，应是通过产生大量的卵来抵抗环境压力。各种鱼类繁殖力大小是维持种群延续、对外界环境长期适应的结果，繁殖力不仅在不同种类间有很大差别，即使是同种鱼类在不同环境或不同营养条件下的情况也有差别（谢从新，2009）。

五、产卵场及产卵条件

鱼类对产卵场和产卵条件的要求具有种的特异性。异尾高原鳅繁殖季节时多聚集在湖泊岸边的水草中（4、5、6 号采样站点近岸水草丰茂处），其卵为黏性，对其及仔鱼最大的危险是缺氧、被泥沙掩盖、捕食等，故需要流水环境来保持卵的清洁和供氧。其产卵场常分布在水生植物茂盛、有一定流水的湖湾或湖泊有内河流入的湖口区，且 6 月时 5、6号站点湖岸处水草丰茂，连线区域水深可达 80～100cm，由此可以判断哲古错入湖河业久曲以及 5、6 号点连片区可能为产卵场。同哲古错异尾高原鳅类似，赛里木湖新疆高原鳅多产卵在湖泊沿岸的植物茎或砾石上；而硬刺高原鳅常在有洄流的沙底河段上产卵（朱松泉，1989）；贝氏高原鳅多在底质为卵石或小块砾石的清澈流水滩上产卵（何学福等，1999）。鱼类要求的产卵场与产卵条件一般与种的繁殖类型、卵的特性、初孵仔鱼发育所要求的条件一致（谢从新，2009）。高原鳅属鱼类产卵条件存在差异，但都需要流水吸引，有利于卵子供氧、分散孵化，也与子代存活和觅食等相适应（何学福等，1999）。

第六章

哲古错拉萨裸裂尻鱼皮肤特征
及转录组比较分析

拉萨裸裂尻鱼（*Schizopygopsis younghusbandi* Regan）俗称土鱼，隶属于鲤形目（Cypriniformes）、鲤科（Cyprinidae）、裂腹鱼亚科（Schizothoracinae）、裸裂尻鱼属（*Schizopygopsis*）。拉萨裸裂尻鱼为我国特有高原鱼类，也是青藏高原环境中相对分布较广的土著种，主要分布于雅鲁藏布江中上游干支流水体，在西藏多个高原湖泊中也有亚种分布。

青藏高原海拔高、紫外辐射强度大，高原鱼类如何适应强紫外辐射及其防护机制还未引起重视。在前期研究中已发现外来鱼大鳞副泥鳅通过显著增加色素数量来适应西藏拉萨茶巴朗湿地水域环境（欧志杰，2018）。在对高原土著种西藏高原鳅的研究中也发现了跟色素代谢通道相关的基因显著扩张的现象（Yang et al.，2019）。各种色素细胞的相互作用会产生多彩的皮肤颜色，这对于动物体进行伪装躲避天敌以及物种之间的信号交流具有重要作用，一些两栖类动物和昆虫的色素细胞还可以对太阳光进行吸收和反射，从而减少紫外辐射对机体的损伤（Nilsson et al.，2013）。故推测色素细胞在高原鱼类对强紫外环境的适应中起重要作用。

青藏高原陆生动物通过长期的适应性进化，能够在高寒、强紫外辐射的极端环境生存，在前期的高原重要水域渔业资源调查过程中发现高原湖泊、河流的浅水区紫外强度大，这些区域是高原仔稚鱼重要的栖息活动场所。选择哲古错拉萨裸裂尻鱼的背部、侧部、腹部等部位的皮肤作为研究对象，通过组织学方法，对拉萨裸裂尻鱼不同部位的皮肤色素细胞的种类和分布进行观察，为后续进一步开展体色表型-关键基因及调控通路-高原鱼类对强紫外辐射的适应机制研究奠定基础。

第一节　拉萨裸裂尻鱼的皮肤特征

一、皮肤基本结构

本实验所用的 15 尾拉萨裸裂尻鱼（图 6-1）采自西藏自治区山南市措美县哲古错，平均体长（28.5±4.8）cm，平均体重（360±25.1）g。实验开始前用 MS-222（280mg/L）对拉萨裸裂尻鱼进行麻醉。取 3 尾拉萨裸裂尻鱼同一环面的背部皮肤（头部到背鳍之间）、体侧皮肤（侧线附近）以及腹部皮肤，组织大小约 1cm×1cm×0.2cm，取样后组织用

图 6-1　哲古错拉萨裸裂尻鱼

10％中性福尔马林固定 24 h 用于石蜡切片，切片厚度 6 μm，然后进行 HE 染色、中性树胶封片，Nikon 显微镜观察，用软件拍照、保存。

拉萨裸裂尻鱼的皮肤结构和大多数硬骨鱼一样，由表皮层和真皮层组成，通过皮下层与肌肉层相连（图 6-2）。表皮层由复层扁平上皮细胞、基底细胞以及黏液细胞组成。真皮层由疏松层和致密层组成，疏松层主要由疏松结缔组织以及毛细血管和神经纵横交错分布；而致密层则由排列呈平行波浪状的、紧密的纤维结缔组织交织而成。此外，真皮层通过包含脂肪细胞的皮下层与肌肉相连。拉萨裸裂尻鱼背部、体侧和腹部的皮肤结构明显存在差异，主要体现在以下方面：

（一）表皮层

拉萨裸裂尻鱼背部皮肤的表皮层由少量复层扁平上皮细胞、大量柱状黏液细胞和大量柱状基底细胞组成（图 6-2A）；体侧皮肤的表皮层由多层复层扁平上皮细胞、大量圆形黏液细胞和柱状基底细胞构成（图 6-2B）；腹部皮肤的表皮层则由多层复层扁平上皮细胞、少量圆形或杯状黏液细胞和柱状基底细胞构成（图 6-2C）。在厚度上，腹部表皮层明显比背部和体侧表皮层厚。

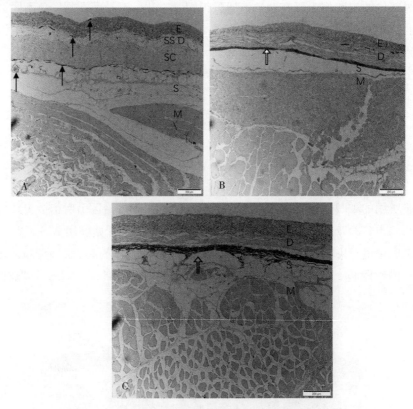

图 6-2　拉萨裸裂尻鱼不同部位皮肤结构

A. 背部皮肤分层　B. 体侧皮肤分层　C. 腹部皮肤分层

注：图中黑箭头表示黑色素细胞，白箭头表示虹彩细胞。

（二）真皮层

真皮层由疏松层和致密层组成。拉萨裸裂尻鱼背部皮肤真皮层明显比体侧和腹部皮肤真皮层厚。

拉萨裸裂尻鱼作为西藏的土著鱼类，长期地适应性进化使其适应了青藏高原的极端环境，而皮肤作为鱼体与外界环境接触的界限，对于物种的存活具有重要的作用。拉萨裸裂尻鱼的皮肤由表皮层和真皮层组成，表皮层主要由复层扁平上皮细胞、黏液细胞与基底细胞构成，在厚度上，腹部表皮层明显比背部和体侧表皮层厚，拉萨裸裂尻鱼是贴着水底砂石生活的，产生这样的结构可能是为了保护鱼体腹部免受伤害。

二、不同部位皮肤的色素细胞种类、形态及分布

拉萨裸裂尻鱼皮肤组织切片中观察到两种色素细胞：黑色素细胞和虹彩细胞（图 6-2）。黑色素细胞胞内的黑色素颗粒移动导致其拥有两种细胞形态：①当色素颗粒向胞质树突周围分散时，黑色素细胞的外形呈现树突状；②当色素颗粒向细胞中心聚集时，细胞形态则近似于椭圆形。虹彩细胞形态为短棒状。

背部皮肤的表皮层可见黑色素细胞分布，真皮层的疏松层存在大量黑色素细胞分布，真皮层的致密层与皮下层之间存在大量连续分布的黑色素细胞（图 6-2A）。体侧皮肤的表皮层未见黑色素细胞分布，在表皮与真皮之间真皮层的疏松层分布大量黑色素细胞，在真皮层的致密层与皮下层间分布大量的连续的虹彩细胞（图 6-3B、图 6-4B），该部位还间隔分布少量黑色素细胞（图 6-4B）。腹部皮肤的表皮层未见黑色素分布，可见大量连续的虹彩细胞分布于真皮层的致密层与皮下层之间（图 6-2C、图 6-4C）。

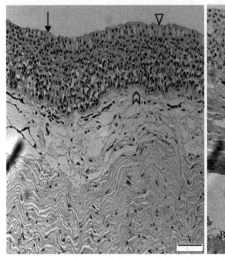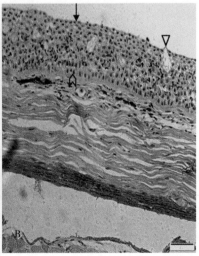

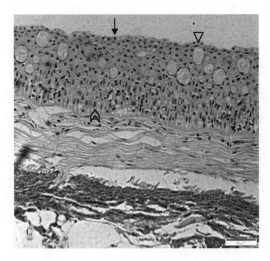

图 6-3　拉萨裸裂尻鱼不同部位皮肤细胞类型及色素细胞种类及形态
A. 背部皮肤分层　B. 体侧皮肤分层　C. 腹部皮肤分层

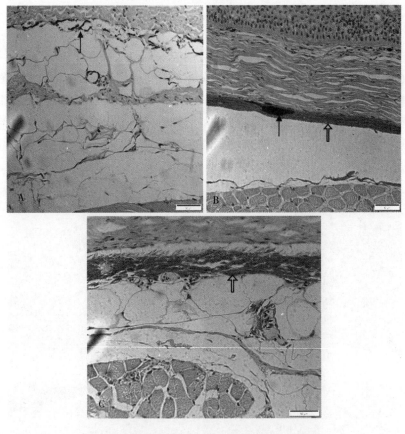

图 6-4　拉萨裸裂尻鱼皮肤色素细胞的空间分布
A. 背部皮肤分层　B. 体侧皮肤分层　C. 腹部皮肤分层

高倍镜下，可以观察到黑色素细胞内数量众多的黑色素体（图 6-4）。表皮层的黑色素细胞具有不规则的细胞外形，呈树突状，其胞质突起能够迂回地嵌入表皮上层细胞之间。真皮层的黑色素细胞主要富集在疏松层。在疏松层，数量众多的黑色素细胞通过其树突进行相互接触，因此往往在基膜附近会形成一道较为连续的色素层，然而在致密层的胶原纤维束之间没有观察到黑色素细胞的分布。个别分布在真皮层的黑色素细胞，其胞质突起可以从细胞中央伸出，并与真皮层的结缔组织相互缠绕。此外，在拉萨裸裂尻鱼皮下血管附近聚集着数量众多的黑色素细胞，并将血管包裹（图 6-2A）。虹彩细胞分布在真皮层的致密层与皮下层之间，并且细胞与细胞之间排列紧密，无法观察到细胞的显微结构（图 6-4C）。

真皮层由疏松层和致密层组成，这类结构与鲑、鳟等大多数硬骨鱼类的皮肤的构造是一样的，背部皮肤的疏松层、致密层与皮下层之间都具有大量的连续的黑色素细胞，而体侧只在疏松层大量分布黑色素细胞，致密层与皮下层之间只有少量间隔分布的黑色素细胞，但在腹部没有黑色素细胞分布于真皮层，这与平原大鳞副泥鳅的结果一致（欧志杰，2018），且拉萨裸裂尻鱼背部皮肤真皮层明显比体侧和腹部皮肤真皮层厚，说明这些黑色素细胞的分布是为了适应高原强紫外辐射，可能对鱼体起到一定的保护作用。生物体色的变化，与其覆盖的色素细胞的种类、分布位置及其数量等相关，而体色的改变往往是对栖息环境的适应，如强紫外辐射、温差大等，在避敌、光保护等方面具有重要的作用（Sato and Yamamoto, 2001）。

拉萨裸裂尻鱼皮肤包含 2 种色素细胞：黑色素细胞和虹彩细胞，这与边芳芳（2019）的细锯脂鲤和欧志杰（2018）的平原大鳞副泥鳅所描述的其皮肤色素细胞种类一致，而与牟春艳等（2015）所报道的血鹦鹉皮肤色素细胞种类存在差异。体色除了会受到基因的影响之外，而且还会受到外界环境、饲料营养、内分泌与神经分泌激素等都会对鱼类体色变化产生影响。

三、不同部位皮肤色素细胞的数量差异

不同部位皮肤的色素细胞在分布密度方面往往存在差异。通过组织学观察发现，相对于体侧和腹部皮肤，拉萨裸裂尻鱼背部皮肤中的黑色素细胞会形成更为连续的色素带（图 6-2A、图 6-3A），虹彩细胞则在腹部皮肤分布更为密集，其次是体侧，背部皮肤中虹彩细胞最为稀少（图 6-4C、图 6-2B）。此外，通过对不同部位皮肤的黑色素细胞数量进行统计分析，发现拉萨裸裂尻鱼背部皮肤的黑色素细胞数量显著多于体侧和腹部，而体侧的黑色素细胞数量又显著多于腹部，腹部皮肤没观察到黑色素细胞。

通过本实验室研究发现，西藏高原鳅不同皮肤部位的体色存在明显差异，背部皮肤含大量的黑色素细胞，呈暗黑色，体侧含少量黑色素细胞及大量虹彩细胞，呈浅黑色，并且在光照下能够反射出银光，而腹部皮肤无黑色素细胞且有大量连续的虹彩细胞出现，呈银白色（欧志杰，2018）。而对于黑色素细胞稀少，且含有少量的黄色素细胞，但是红色素细胞遍体分布的血鹦鹉，其体色是红色（郑曙明，2015）。拉萨裸裂尻鱼的色素含量与欧志杰（2018）研究结果保持一致，所以其背部、体侧与腹部的皮肤体色也一样，可能对高

原紫外线具有一定的适应作用，保护拉萨裸裂尻鱼自身免受高原强紫外线的毒害。在不同部位皮肤的虹彩细胞含量，腹部含量最多，其次是体侧含量，背部含量最少。高原鱼类背部、腹部色素细胞种类和数量分布差异的特异性，可能与不同种类色素细胞对紫外线防护机制有关，高原鱼类通过这些色素细胞的共同作用抵御强紫外线对机体的损伤。

第二节　哲古错与尼洋河拉萨裸裂尻鱼的皮肤转录组比较研究

在前期的高原重要水域渔业资源调查过程中发现高原湖泊、河流的浅水区紫外强度大，并且在不同海拔存在显著差异，这些区域是高原鱼类仔稚鱼重要的栖息活动场所。本研究选择青藏高原水域中的广布种拉萨裸裂尻鱼为研究对象，对紫外强度差异显著的哲古错和林芝尼洋河的拉萨裸裂尻鱼进行比较研究，探究不同部位皮肤与腹膜脏层的色素特征变化，为进一步研究拉萨裸裂尻鱼等西藏土著鱼类对高原强紫外辐射的适应机制奠定基础。本实验通过高通量测序技术，比较分析采自哲古错和林芝尼洋河（两个海拔高度不一、紫外线强度有明显差异）的拉萨裸裂尻鱼三个不同部位的基因表达水平，得到拉萨裸裂尻鱼的皮肤组织中基因表达情况，获得大量差异表达基因，经 GO 和 KEGG 途径富集分析，筛选出与拉萨裸裂尻鱼色素特征变化相关的调控基因和通路。为后续进一步开展体色表型-关键基因及调控通路-高原鱼类对强紫外辐射的适应机制研究奠定基础。

2018 年 9 月同期到西藏山南市措美县哲古错和西藏林芝尼洋河采集拉萨裸裂尻鱼。实验鱼采用 MS. 222（Sigma，USA）麻醉安乐死，分别剥取鱼黑色背部，浅灰色腹部与黑色腹膜脏层的皮肤组织，保存在 95% 的乙醇中，尽量避免肌肉污染，将组织放入液氮中速冻后置于 $-80℃$ 保存。

拉萨裸裂尻鱼皮肤的总 RNA 提取，采用 Trizol 法，将两个不同海拔高度分布的拉萨裸裂尻鱼的背部皮肤、腹部皮肤与腹膜脏层的各 3 个样品分别混合，得到 18 个样品池。总 RNA 的检测分为 RNA 琼脂糖凝胶电泳、NanoDrop 微量核酸定量仪检测和 Agilent Technologies 2100 Bioanalyzer 检测三个步骤。经琼脂糖电泳检测，选用完整性好无降解的 RNA，所测 OD 值 A_{260}/A_{280} 在 1.8~2.0，A_{260}/A_{230} 在 2.0~2.3，RNA 浓度调整为 $500ng/\mu L$。实验流程按照北京诺禾致源科技股份有限公司提供的标准程序。测序的数据按照存储测序数据、测序数据的质量、测序数据的组装与分类、Unigenes 的功能注释、转录组差异表达基因分析和转录组测序结果的 qPCR 验证的过程进行生物信息学分析。

一、背部皮肤、腹部皮肤与腹膜脏层的转录组比较分析

通过对哲古错与林芝尼洋河拉萨裸裂尻鱼的背部皮肤、侧部皮肤与腹部皮肤进行转录组比较分析，按 $FDR<0.05$ 筛选后，林芝尼洋河的背部皮肤与腹部皮肤的比较，有 2 049 个

DEGs 上调，708 个 DEGs 下调；哲古错的背部皮肤与腹部皮肤的比较，存在 3 个 DEGs 上调，3 个 DEGs 下调（图 6-5）。哲古错与林芝的背部皮肤比较，有 82 个 DEGs 上调，154 个 DEGs 下调；哲古错与林芝的腹部皮肤比较，存在 65 个 DEGs 上调，134 个 DEGs 下调；哲古错与林芝的腹膜脏层比较，总共有 450 个 DEGs 上调，419 个 DEGs 下调。

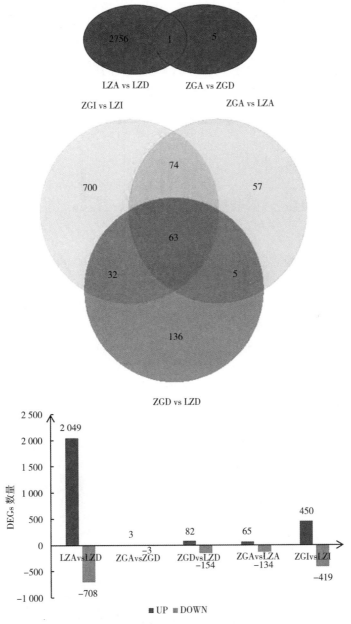

图 6-5　哲古错与林芝尼洋河拉萨裸裂尻鱼的背部皮肤、腹部皮肤和腹膜脏层的
差异表达基因的维恩图和柱状图分析

LZD. 林芝尼洋河背部皮肤　LZA. 林芝尼洋河腹部皮肤　LZI. 林芝尼洋河腹膜脏层

ZGD. 哲古错背部皮肤　ZGA. 哲古错腹部皮肤　ZGI. 哲古错腹膜脏层

二、GO 比较分析

为了进一步探究拉萨裸裂尻鱼的不同海拔下的背部皮肤、腹部皮肤和腹膜脏层的 DEGs 的生物学差异，对 DEGs 做了 GO 富集分析（图 6-6）。经过 GO 注释分类后，发现林芝尼洋河的背部皮肤与腹部皮肤比较，得到 20 个生物过程、20 个细胞组分和 20 个分子功能相关的 GO 条目，而且部分差异基因聚集到干细胞分化的负向调控、神经嵴细胞的定向分类、黑素体、色素颗粒等；哲古错的背部皮肤与腹部皮肤比较，没有得到与其相关的 GO 条目，也没聚集与色素细胞及其 DNA 修复相关的任何差异基因。哲古错和林芝尼洋河的拉萨裸裂尻鱼的背部皮肤比较存在的 DEGs，得到了 3 个分子功能相关的 GO 条

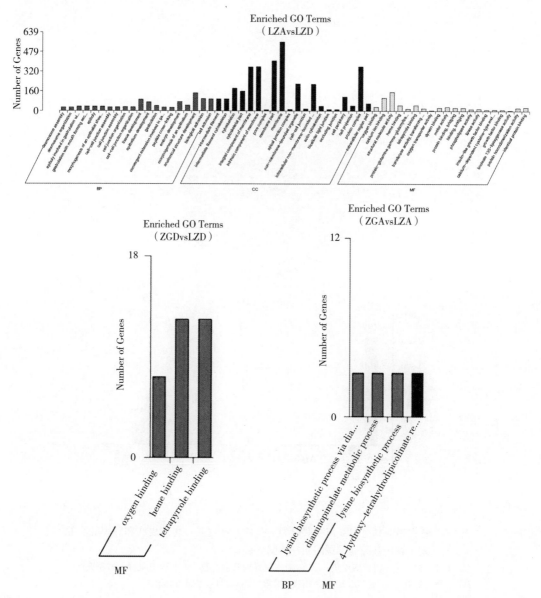

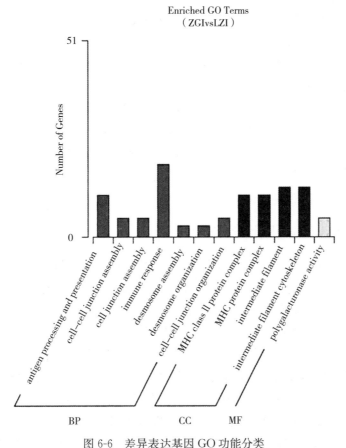

图 6-6　差异表达基因 GO 功能分类

LZD. 林芝尼洋河背部皮肤　LZA. 林芝尼洋河腹部皮肤　LZI. 林芝尼洋河腹膜脏层　ZGD. 哲古错背部皮肤　ZGA. 哲古错腹部皮肤　ZGI. 哲古错腹膜脏层

目，其中部分差异表达基因被注释到酪氨酸的代谢、Wnt 的信号通路、IMP 环化脱水酶的活性、包含嘌呤的化合物的产生、焦磷酸酶的活性等；哲古错和林芝尼洋河的拉萨裸裂尻鱼的腹部皮肤比较存在的差异表达基因聚集到 3 个生物过程，1 个分子功能的 GO 条目，没有差异基因富集到与色素相关的条目。哲古错和林芝尼洋河的拉萨裸裂尻鱼的腹膜脏层比较存在的差异表达基因，参与到 7 个生物过程，4 个细胞组分和 1 个分子功能相关的 GO 条目，而且部分差异基因聚集到 BLOC-1 的复合物、异柠檬酸脱氢酶的活性、细胞对 UVB 的应答、磷酸烯醇式丙酮酸脱羧酶的活性、柠檬酸的代谢、色素的着色、酪氨酸的代谢、黑色素细胞的分化、再生、神经嵴细胞的发育、动力蛋白复合物、肌球蛋白复合物、马达蛋白的活性、细胞对 DNA 损伤应激的应答、DNA 的修复、DNA 的重组等。

　　DEGs 的 GO 功能注释分析表明拉萨裸裂尻鱼的背部皮肤、腹部皮肤和腹膜脏层的色素着色的变化与细胞组分、分子功能和生物学过程相关的 GO 条目有关。大多数 DEGs 聚类条目与已报道的鱼类研究结果一致，如斑马鱼（Higdon et al.，2013）和鲤（Li et al.，2015；Voisey et al.，2010）。值得注意的是，哲古错背部皮肤与林芝尼洋河背部皮肤比较，发现大多数差异表达基因显著下调，这些差异基因主要富集到酪氨酸代谢、Wnt 信号通路等生物学过程。哲古错腹部皮肤与林芝尼洋河腹部皮肤比较，没有看到与色素相关的基因，其差异表达基因还有待进一步的研究。哲古错腹膜脏层与林芝尼洋河腹膜脏层比较，存在 Bloc-1 复合物、细胞对 UVB 的应答、酪氨酸代谢、黑色素细胞的分化、神经嵴细胞的产生等过程下调（Setty et al.，2007）。在鼠中，TYRP1 有 DHICA 氧化酶的作用，能够产生吲哚-5,6-醌羧酸，对真黑素的生成有重要作用；对于 GO 条目，如异柠檬酸脱氢酶（NAD^+）的活性、磷酸烯醇式丙酮酸羧化酶的活性、柠檬酸的代谢过程、色素的着色、神经嵴细胞的发育、细胞对 DNA 损伤刺激的应答、DNA 的修复、DNA 的重组等上调。以上差异基因和富集得到的 GO 条目可能与不同海拔之间的拉萨裸裂尻鱼的色素细胞及其自我保护机制的差别相关。

三、KEGG 富集通路比较分析

在 KEGG 数据库中，对哲古错与林芝尼洋河的拉萨裸裂尻鱼同一背部皮肤、腹部皮肤与腹膜脏层的 DEGs 进行了比较。林芝尼洋河腹部皮肤与背部皮肤比较，存在酪氨酸代谢的通路下调（表 6-1）；哲古错腹部皮肤与背部皮肤比较，没有与色素细胞相关的通路（表 6-2）。哲古错背部皮肤与林芝尼洋河背部皮肤比较，参与到苯丙氨酸的代谢、酪氨酸的代谢、多巴胺突触、cAMP 的信号等通路（表 6-3）下调，且在林芝尼洋河背部皮肤的表达量更高。哲古错腹部皮肤与林芝尼洋河腹部皮肤比较，差异表达基因没有与色素相关的代谢通路（表 6-4），还需进一步探究。哲古错腹膜脏层与林芝尼洋河腹膜脏层比较，差异表达基因显著富集到 MAPK 信号－fly、TCA 循环、cAMP 的信号、丙酮酸的代谢、糖酵解/糖异生、黑色素的产生、MAPK 信号、多巴胺突触、嘌呤的代谢等通路（表 6-5），其中 TCA 循环、糖酵解/糖异生、丙酮酸的代谢、嘌呤的代谢通路上调，黑色素的产生、多巴胺突触、MAPK 信号、MAPK 信号－fly、cAMP 的信号通路下调。

表 6-1　LZA vs LZD 间的差异表达基因（DEGs）KEGG 功能富集通路

KEGG Pathway	DEGs' with KEGG Pathway	q-value	KEGG Pathway ID
ECM-receptor interaction	16	1.43E-06	ko04512
Protein digestion and absorption	14	1.03E-05	ko04974
PI3K-Akt signaling pathway	24	0.000265928	ko04151
Focal adhesion	20	0.000310385	ko04510
Tyrosine metabolism	6	0.000600821	ko00350
Collecting duct acid secretion	6	0.000737836	ko04966

注：LZA：林芝尼洋河腹部皮肤；LZD：林芝尼洋河背部皮肤。

表 6-2　ZGA vs ZGD 间的差异表达基因（DEGs）KEGG 功能富集通路

KEGG Pathway	DEGs' with KEGG Pathway	q-value	KEGG Pathway ID
Measles	1	0.018396096	ko05162

（续）

KEGG Pathway	DEGs' with KEGG Pathway	q-value	KEGG Pathway ID
Axonguidance	1	0.018396096	ko04360

注：ZGA：哲古错腹部皮肤；ZGD：哲古错背部皮肤。

表 6-3 ZGD vs LZD 间的差异表达基因（DEGs）KEGG 功能富集通路

KEGG Pathway	DEGs' with KEGG Pathway	q-value	KEGG Pathway ID
Phenylalanine metabolism	2	0.041511705	ko00360
Tyrosine metabolism	2	0.134902080	ko00350
Phenylalanine, tyrosine and tryptophan biosynthesis	1	0.254253239	ko00400
Dopaminergic synapse	1	0.791780447	ko04728
cAMP signaling pathway	1	0.866725015	ko04024

注：ZGD：哲古错背部皮肤；LZD：林芝尼洋河背部皮肤。

表 6-4 ZGA vs LZA 间的差异表达基因（DEGs）KEGG 功能富集通路

KEGG Pathway	DEGs' with KEGG Pathway	q-value	KEGG Pathway ID
Cardiac muscle contraction	5	0.026372821	ko04260
Oxidative phosphorylation	5	0.026372821	ko00190
Huntington's disease	6	0.027739405	ko05016
Parkinson's disease	5	0.027739405	ko05012

注：ZGA：哲古错腹部皮肤；LZA：林芝尼洋河腹部皮肤。

表 6-5 ZGI vs LZI 间的差异表达基因（DEGs）KEGG 功能富集通路

KEGG Pathway	DEGs' with KEGG Pathway	q-value	KEGG Pathway ID
Cardiac muscle contraction	11	0.009889283	ko04260
Antigen processing and presentation	10	0.009889283	ko04612
Amino sugar and nucleotide sugar metabolism	8	0.026727025	ko00520
Graft-versus-host disease	6	0.026727025	ko05332
Asthma	5	0.026727025	ko05310
Intestinal immune network for IgA production	6	0.026727025	ko04672
Oxidative phosphorylation	10	0.026727025	ko00190
Protein digestion and absorption	10	0.027908557	ko04974
Type I diabetes mellitus	6	0.027908557	ko04940
Allograft rejection	6	0.031692516	ko05330
Endocytosis	20	0.032416495	ko04144
Autoimmune thyroid disease	6	0.044868035	ko05320

（续）

KEGG Pathway	DEGs' with KEGG Pathway	q-value	KEGG Pathway ID
MAPK signaling pathway – fly	4	0.993672886	ko04013
Citrate cycle（TCA cycle）	1	0.993672886	ko00020
cAMP signaling pathway	8	0.993672886	ko04024
Pyruvate metabolism	1	0.993672886	ko00620
Glycolysis /Gluconeogenesis	2	0.993672886	ko00010
Melanogenesis	3	0.993672886	ko04916
MAPK signaling pathway	7	0.993672886	ko04010
Dopaminergic synapse	2	0.993672886	ko04728
Purine metabolism	2	0.993672886	ko00230

注：LZI：林芝尼洋河腹膜脏层；ZGI：哲古错腹膜脏层。

通过 KEGG 富集通路分析，拉萨裸裂尻鱼的背部皮肤、腹部皮肤与腹膜脏层中的 DEGs 富集通路可能与色素细胞生长发育代谢通路相关。哲古错背部皮肤与林芝尼洋河背部皮肤比较，差异表达基因在苯丙氨酸代谢、酪氨酸代谢、多巴胺突触、cAMP 信号等通路中下调。酪氨酸酶是黑色素生成所必需的，酪氨酸先氧化成二羟基苯丙氨酸，二羟基苯丙氨酸生成多巴醌，多巴醌在酪氨酸酶的作用下聚合成黑色素（Hubbard et al.，2010）。已报道的哺乳动物中与黑色素合成有关的通路有酪氨酸酶代谢通路和黑素原合成通路，此外 cAMP 信号通路与多巴胺突触也是参与脊椎动物黑色素细胞发育的主要生物学通路。对于哲古错腹部皮肤与林芝尼洋河腹部皮肤比较，没有与色素相关的差异表达基因，其差异基因还有待于进一步的研究。同时，哲古错腹膜脏层与林芝尼洋河腹膜脏层比较，发现在黑素体的产生、多巴胺突触、MAPK 信号、MAPK 信号－fly、cAMP 的信号等通路中绝大多数的差异表达基因表现为下调，而在糖酵解/糖异生、TCA 循环、丙酮酸的代谢、Purine 的代谢等通路中的 DEGs 表现为上调。这说明在哲古错背部皮肤与林芝尼洋河背部皮肤的比较中，这些富集到林芝的拉萨裸裂尻鱼背部皮肤与黑色素相关基因的表达量显著较高，哲古错的腹膜脏层与林芝尼洋河的腹膜脏层比较，差异表达基因富集到有关于 Purine 合成的相关途径，这可能与虹彩细胞在腹腔内膜中分布较多有关，但在林芝的拉萨裸裂尻鱼的腹膜脏层中，与黑色素产生相关的基因表达量显著较高。以上这些推测说明这些通路可能是造成哲古错与林芝尼洋河的拉萨裸裂尻鱼色素细胞种类与数量差别的重要原因。

还发现在哲古错与林芝尼洋河拉萨裸裂尻鱼的同一背部皮肤、腹部皮肤和腹膜脏层的比较中，在林芝尼洋河的背部皮肤、腹部皮肤、腹膜脏层的表达量 Top10 的存在与 cAMP 的 PKA 调控子以及核糖体蛋白相关的基因下调。在哲古错的腹部皮肤存在高表达的与 ATIC（AICAR transformylase，AICAR 转甲酰酶）相关的上调基因，参与到了 AICAR（5-氨基咪唑-4-甲酰胺核苷酸）转变到 FAICAR（5-formaminoimidazole-4-carboxamide ribotide）的鸟嘌呤的产生周期当中，与虹彩细胞的产生相关。在哲古错的腹膜脏层，同时存在表达量在 Top10，与己糖激酶产生相关的上调基因当中，己糖激酶参与了糖酵解途径，它是一类能够将底物葡萄糖转化成 6-磷酸葡萄糖的己糖磷酸酶。结合转录组的数据，推测 cAMP 的 PKA 调控子与核糖体蛋白基因可能参与了林芝尼洋河拉萨裸裂尻鱼的背部皮肤、腹部皮肤与腹膜脏层的黑色素产生，哲古错拉萨裸裂尻鱼的背部皮肤与腹膜脏层推测可能参与了虹彩细胞的产生，但它的真正功能可能还需进一步探究。已有大量研究表明黑色素细胞的黑色素不仅作为一种物理屏障分散和吸收紫外线，还通过转移黑色素保护其他表皮细胞，减少 DNA 损伤（Kobayashi et al.，1998）。此外，虹彩细胞的反射小板可从任意方向对一定波长的光进行反射，因此色素细胞的存在可能与保护动物机体免受紫外线辐射的损伤相关。

四、色素相关基因的分析

根据拉萨裸裂尻鱼的转录组数据注释信息，在差异表达基因中，参考 KEGG 途径，林芝尼洋河腹部皮肤与林芝尼洋河背部皮肤比较，存在 *TYR*、*TYRP1*、*GOT1*、*frmA*、*ADH5*，*adhC*、*DCT* 等与酪氨酸代谢相关的基因下调。哲古错背部皮肤与林芝尼洋河背部皮肤比较、哲古错腹膜脏层与林芝尼洋河腹膜脏层比较，能够找到 *MAO*、*aofH*、*GOT1*、*MAP3K4*、*MAP3K7*、*GNAI*、*CAMK2*、*EP300*、*CREBBP*、*KAT3* 等与酪氨酸代谢和黑色素的产生相关的基因（表 6-6）。其中哲古错背部皮肤与林芝尼洋河背部皮肤比较，*MAO*、*aofH*、*GOT1* 基因都出现下调；哲古错腹膜脏层与林芝尼洋河腹膜脏层进行比较，*GNAI*、*CAMK2* 基因出现下调，且通过分析这些基因的 RPKM 值发现，MAO、aofH、GOT1、GNAI、CAMK2 在林芝尼洋河的拉萨裸裂尻鱼的背部与腹膜脏层中显著高度表达；哲古错腹膜脏层与林芝尼洋河腹膜脏层比较，同时存在 *IDH3*、*ALDH7A1*、*HK*、*PDE4/7* 等与柠檬酸循环、嘌呤的代谢、丙酮酸的代谢、糖异生/糖酵解通路相关的基因（表 6-7），与虹彩细胞的产生相关，*IDH3*、*HK*、*PDE4/7* 这些基因出现上调，在哲古错的腹膜脏层显著富集。

表 6-6　拉萨裸裂尻鱼中与黑色素细胞相关的 KEGG 富集通路中的候选基因

Gene ID	Gene name	Discription	KEGG Pathway
Cluster-64359.492903	*MAO*，*aofH*	monoamine oxidase	Phenylalanine/Tyrosine metabolism/Dopaminergic synapse
Cluster-64359.67407	*GOT1*	aspartate aminotransferase, cytoplasmic	Phenylalanine/Tyrosine metabolism
Cluster-64359.233464	*MAP3K4*，*MEKK4*	mitogen-activated protein kinase kinase kinase 4	MAPK signaling pathway/ MAPK signaling pathway -fly
Cluster-64359.148913	*MAP3K7*，*TAK1*	mitogen-activated protein kinase kinase kinase 7	MAPK signaling pathway/ MAPK signaling pathway-fly
Cluster-64359.319248	*GNAI*	guanine nucleotide-binding protein（i）subunit alpha	Melanogenesis/ Dopaminergic synapse

（续）

Gene ID	Gene name	Discription	KEGG Pathway
Cluster-64359.232584	CAMK2	calcium/calmodulin-dependent protein kinase（CaM kinase）Ⅱ	Melanogenesis/Dopaminergic synapse
Cluster-64359.217519	EP300，CREBBP，KAT3	E1A/CREB-binding protein	Melanogenesis
Cluster-64359.118687	TYR	tyrosinase	Tyrosine metabolism
Cluster-64359.118687	TYRP1	tyrosinase-relatedprotein 1	Tyrosine metabolism
Cluster-64359.289575	frmA，ADH5，adhC	S-（hydroxymethyl）T-glutathione dehydrogenase/alcohol dehydrogenase	Tyrosine metabolism
Cluster-64359.72864	DCT	dopachrome tautomerase	Tyrosine metabolism

表 6-7　拉萨裸裂尻鱼中与虹彩细胞相关的 KEGG 富集通路中的候选基因

Gene ID	Gene name	Discription	KEGG Pathway
Cluster-64359.188015	IDH3	isocitrate dehydrogenase（NAD^+）	Citrate cycle（TCA cycle）
Cluster-64359.211675	ALDH7A1	aldehyde dehydrogenase family 7 member A1	Pyruvate metabolism/Glycolysis /Gluconeogenesis
Cluster-64359.247120	HK	hexokinase	Glycolysis/Gluconeogenesis
Cluster-64359.223268	PDE4/7	high affinity cAMP-specific 3′, 5′-cyclic phosphodiesterase 4/7	Purine metabolism

　　黑色素的主要功能是通过将黑素体转到附近的胶质细胞，并在其细胞核上聚集成帽状或伞状结构，吸收和分散紫外线照射，从而保护细胞免受由紫外线引起的损伤。对于不同海拔的拉萨裸裂尻鱼，紫外线是影响其皮肤色素产量的重要因素，推测这些量的不同可能是对高原紫外线适应的体现。与黑素体产生存在联系的基因包括 MAO、aofH、Got1、GNAI、Camk2、CREBBP、Mitf、Tyr、Tyrp1、Dct、MAP3K4、MAP3K7、Plcb、frizzeld。

　　基因 Mao、aofH、Got1 的 mRNA 表达水平在林芝尼洋河的拉萨裸裂尻鱼的背部皮肤中显著较高。Mao、aofH、Got1 基因都与苯丙氨酸的代谢相关，同时参与了酪氨酸的代谢。基因 GNAI 与 Camk2 的 mRNA 表达水平在林芝尼洋河的拉萨裸裂尻鱼的腹膜脏层中显著较高。起初内皮素-1 作用于内皮素受体-B，从而引起鸟嘌呤核苷酸结合蛋白 Go（GNAI）的表达，激活 PLC-β，产生三磷酸肌醇（IP3），作用于内质网使其 Ca^{2+} 被释放出来，再使其钙黏素表达，激活所需的钙黏素依靠的蛋白质激酶-2（Camk2），促使黑色素的产生。基因 CREBBP、MAP3K4、MAP3K7 的 mRNA 表达水平在哲古错的拉萨裸裂尻鱼的腹膜脏层显著较高，分别参与了 AC 途径、SCF-cKIT 途径，作用于 mitf，从而调控酪氨酸的代谢。mitf 基因是黑色素细胞谱系中已知最早的特异性的标签基因，而且在黑色素细胞谱系中调控的下游基因是酪氨酸酶基因家族中的 *DCT*、*TYR*、*TYRP-1*。TYR 为铜及蛋白质的组合物，是在黑色素细胞的粗面内质网中合成的，人类只能在黑色素细胞内才能合成 TYR，它是黑色素合成过程中的限速酶（Ando et al.，2007）。*DCT* 属于编码多巴色素互变异构酶的基因，主要功能是将多巴色素转变为 5，6-二羟基吲哚羧酸。*TYRP1* 属于酪氨酸酶相关蛋白 1 的基因，该基因在脊椎动物中高度保守，主要功能是将 5，6-二羟基吲哚羧酸转换成 5，6-二羟基吲哚酸（Oetting and Setalud，2006），在皮肤等部位存在黑色素的表达。

与虹彩细胞的产生相关的基因有 *AMPD3*、*HPRT1*、*ENO4*、*PCK1*、*IDH3*、*HK*、*PDE4D*、*ltk*、*pnp4a*。哲古错拉萨裸裂尻鱼的腹膜脏层的显著高表达基因有 *IDH3*、*HK*、*PDE7*、*PDE4*，它们分别参与了柠檬酸循环、糖酵解/糖异生、嘌呤的代谢通路。林芝尼洋河拉萨裸裂尻鱼腹膜脏层显著较高表达的基因 *ALDH7A1* 参与了丙酮酸代谢、糖酵解/糖异生通路，而这些通路都与虹彩细胞中鸟嘌呤的产生相关。在斑马鱼缺失 *shady* 基因、*sox10* 基因的情况下，虹彩细胞缺失，推测 *sox10* 基因、*shady* 基因是神经嵴细胞转变成虹彩细胞所必需的。虹彩细胞大量表达的基因是嘌呤产生途径的组分，能产生大量鸟嘌呤晶体，给虹彩细胞着色（Ng et al.，2009；Storebakken and Hong，1992）。己糖激酶（HK）是一类能够把底物葡萄糖转化成 6-磷酸葡萄糖的己糖磷酸酶，它能够将 ATP 的一个磷酸转到底物上。

PDE4D（cAMP-specific 3′，5′-cyclic phosphodiesterase 4D）基因编码的酶能够催化 3′，5′-cAMP 产生 AMP，它是 purine 代谢的一部分。IMP（单磷酸肌苷）靠补救途径产生 AMP（嘌呤核苷酸腺苷酸单磷酸）脱氨基酶 3，是 AMP 转变成 IMP 所必需的，这个过程是产生 IMP 通道的一部分，还是嘌呤代谢的一部分。次黄嘌呤-鸟嘌呤磷酸核糖转移酶（HGPRT）是由 *HPRT1* 基因编码的酶，是一类催化次黄嘌呤转化成次黄苷酸且将鸟嘌呤转变成次黄苷酸的酶，这个过程是将 PRPP（5-phosphoribosyl-1-pyrophosphate）的 5-磷酸核糖基团转移到嘌呤上。ENO4 编码的磷酸丙酮酸水合酶样蛋白能够使得 D-3-磷酸甘油醛转变成丙酮酸。PCK1 编码的磷酸烯醇式丙酮酸羧化酶，是一类存在于糖异生中的裂合酶，它能够与草酰乙酸转变成磷酸烯醇式丙酮酸，通常存在于细胞质与线粒体。嘌呤合成途径中存在一个重要过程，使得 IMP 有利于鸟嘌呤的产生而不利于腺嘌呤生产。对鸟嘌呤产生途径进行考察，观察到从 GMP 合成的鸟嘌呤，很可能导致产生的 Purine 循环底物 PRPP 的含量受限。

五、Q-PCR 的验证

为了验证转录组数据的准确性，用转录组数据对皮肤组织进行定量分析，以 GAPDH 作为内参，筛选得到的 8 个 Unigenes，每个部位取 3 个重复。通过 q-PCR 得到的 Unigenes 表达量与 RNA-Seq 的表达量基本一致（图 6-7）。结合 qRT-PCR 和 RNA-Seq 结果，我们发现林芝尼洋河腹部皮肤和背部皮肤比较，与黑色素产生有关的基因（*PLCB*、*DCT*）出现下调。结果表明转录组数据可靠，并且可以较准确地检测出不同表型中的差异表达基因。

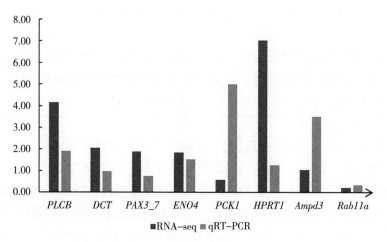

图 6-7　拉萨裸裂尻鱼部分基因转录组结果与 qRT-PCR 结果对比

通过高通量转录组测序对拉萨裸裂尻鱼的背部皮肤、腹部皮肤和腹膜脏层组织进行测序，总共组装获得 600 804 条 Unigenes。通过进一步比较分析 LZA（林芝尼洋河腹部皮肤）和 LZD（林芝尼洋河背部皮肤）、ZGA（哲古错腹部皮肤）和 ZGD（哲古错背部皮肤）、ZGD（哲古错背部皮肤）和 LZD（林芝尼洋河背部皮肤）、ZGA（哲古错腹部皮肤）和 LZA（林芝尼洋河腹部皮肤）、ZGI（哲古错腹膜脏层）和 LZI（林芝尼洋河腹膜脏层）间的与色素相关的差异表达基因与通路，最终挖掘出了可能与黑色素细胞生长发育相关的 6 个关键通路（MAPK 信号－fly、cAMP 的信号、酪氨酸的代谢、黑素的产生、MAPK 信号、多巴胺突触）和 16 个关键基因（*MAO*、*aofH*、*GOT1*、*MAP3K4*、*MAP3K7*、*GNAI*、*CAMK2*、*EP300*、*CREBBP*、*KAT3*、*TYR*、*TYRP1*、*frmA*、*ADH5*、*adhC* 和 *DCT*）。此外，还发现了可能与虹彩细胞增殖分化相关的 5 个关键通路（TCA 循环、丙酮酸的代谢、糖酵解/糖异生、嘌呤的代谢、丙酮酸代谢）和 4 个关键基因（*ALDH7A1*、*IDH3*、*HK*、*PDE4/7*），从而为拉萨裸裂尻鱼对紫外线响应的分子调控机制提供了潜在的候选基因。本研究结果有助于拉萨裸裂尻鱼体色调控的后续功能基因的研究和定向分子育种工作的开展。

第七章

哲古错鱼类资源保护策略

第一节 哲古错鱼类资源现状

由于全球气候变暖等大环境影响，作为典型的藏南内流湖泊，在历经周边雪山加速融化导致的短期湖面范围扩大后，哲古错生态系统正面临严峻挑战，栖息在这一特殊环境下的鱼类资源现状不容乐观。

一、哲古错水生态环境

哲古错生态环境特殊而脆弱，作为典型的藏南内流湖泊，仅有长度为 50km 的业久曲作为唯一的入湖河长年有流水流入。随着集雨区雪山因全球气候变暖逐步消失，入湖补水不足，而蒸发量加大，导致湖面存在退缩趋势，湖泊面临沼泽化盐碱化困境。外源性营养供给缺乏导致生境条件仅能支撑小规模的鱼类种群数量。

沼泽化的水生态系统扩大了湖泊周边哲古草原空间，诱使周边牧民加大牧养力度，加剧了对入湖河水的截流，这些人为活动加速哲古错的沼泽化。

二、哲古错鱼类组成

哲古错目前调查仅存三种鱼类，即高原裸鲤、拉萨裸裂尻鱼和异尾高原鳅。其中高原裸鲤为大型中上层鱼类，异尾高原鳅为底栖小型鱼类。综合 2017 年和 2018 年的数据，可获得高原裸鲤相对重要指数为 3 420.5，在哲古错中分布较为集中，与同湖高原鳅相比，重量占优势但数量较少。异尾高原鳅相对重要指数为 9 825，与同湖的其他鱼类相比数量较多，属于优势种。

三、哲古错鱼类种群年龄结构

哲古错高原裸鲤最大年龄仅为 11 龄，其中 6～8 龄鱼比例为 35%，且 2 龄个体占比较大。拉萨裸裂尻鱼最高年龄为 13 龄，且群体集中分布在 2～6 龄，占比为 80.0%，表明群体中低龄化严重，高龄鱼占少数。哲古错异尾高原鳅年龄主要集中在 1～4 龄，年龄最大的为 6 龄，且高龄个体所占比例极低，鱼类年龄结构简单，低龄化明显。

哲古错高原裸鲤年龄结构较小，生长速率较慢，而哲古错环境恶劣且脆弱，一旦其种群资源遭到破坏，恢复能力较弱。与同样在高原湖泊生长的其他裂腹鱼相比，错鄂裸鲤最大年龄可达 24 龄（杨军山等，2002），色林错裸鲤最大年龄可达 29 龄（陈毅峰等，2002b），这表明哲古错高原裸鲤不仅年龄组成结构简单，而且高龄个体年龄甚至小于同水域的拉萨裸裂尻鱼，表明大型的高原裸鲤在本水域受到严重限制。同样，哲古错拉萨裸裂尻鱼的最高年龄为 13 龄，也远低于同处于高原地域的雅鲁藏布江的拉萨裸裂尻鱼（17龄）（Chen et al.，2009）。

哲古错异尾高原鳅的年龄结构特征与此类似。在本次研究所采集到的所有异尾高原鳅样本中，雌性群体多集中在 1～2 龄，雄性群体多集中在 3～4 龄，雌雄群体均表现出6 龄鱼数目最少。分析本次实验样本的年龄结构组成，缺乏高龄个体，种群年龄结构简单且有低龄化的趋势，而且采集的雌性异尾高原鳅样本的年龄多低于所计算出的拐点年龄，这在一定程度上反映出在西藏哲古错异尾高原鳅种群中，大龄成熟雌鱼的个体数量可能正在大幅减少，群体中的很多雌性个体被捕捞时尚未达到生长的拐点年龄，进而直接导致了补充群体数量的减少。若其低龄个体在未来遭受大量捕捞，则其资源可能会面临衰竭。前面已经提到过，异尾高原鳅生长速度比较缓慢，若遭到一定破坏，很难在短时间内恢复。

三种鱼类的年龄结构组成反映出哲古错鱼类种群资源受到抑制。目前哲古错不存在人为的过度捕捞等影响，资源受限可能与迁徙过境鸟类大量捕食存在内在联系。

四、迁徙水鸟对哲古错鱼类资源的影响

现场调查显示，哲古错冬春低水位时正好处于大量候鸟迁徙的时间，哲古错成为迁徙水鸟的重要停留补给地。大量水鸟对哲古错鱼类资源捕食压力特别大。哲古错所处的喜马拉雅山原湖盆宽谷区域有 75 种鸟类，其中多为过境鸟（杨乐等，2013），青海湖部分水鸟南迁路线会经过该区域（张国钢等，2008），哲古错作为其中重要的湖泊湿地，是多数水鸟选择的停留补给地。包括高原裸鲤在内的有限的哲古错水生生物，在冬春季浅水位时成为过往候鸟重要的食物来源，高强度的捕食压力使得鱼类种群数量受限，年龄组成结构简单。

第二节　哲古错鱼类资源保护策略

近年来，由于气候变化等原因，西藏南部内流湖泊退化趋势明显，使其特殊的湖泊生态完整性面临着被破坏的危险，为保证其可持续发展，必须维护湖泊生态系统的多样性与完整性。以哲古错高原裸鲤为例，哲古错高原裸鲤在脆弱的高原湖泊生态系统中处于顶级消费者地位，但在青藏高原生态系统中又被越冬候鸟掠食，表明其在高原湖泊生态系统中乃至高原生态系统中均占据重要地位。所以针对哲古错高原裸鲤种群保护而言，不仅要预防出现大规模人工捕捞活动，更重要的工作是保护哲古错水域及周边环境，保证其作为藏南湖泊湿地的生态系统的完整性不被破坏。

哲古错中鱼类资源量少，年龄结构较小，生长速率较慢，而哲古错地处高海拔地区，其环境相对恶劣且脆弱，一旦其鱼类种群资源遭到破坏，恢复能力较弱。因此，对哲古错鱼类资源的保护策略，应着眼于青藏高原大生态系统保护的基础上，针对藏南极具代表性的内流小型湖泊，采取相应保护措施。

（一）统筹入湖水源水量调度，延缓湖泊沼泽化

业久曲作为唯一的长年有流水的入湖河，长度仅为 50km，周边雪山的逐渐消失导致入湖水量减少。随着原来沿河广阔未开垦的荒地改建为现代化牧场，需要截流本就日益枯竭的入湖水。因此，必须统筹协调好这些规模化农牧用水与入湖水的平衡问题，确保业久曲的长流水。

（二）切实防止生活污水流入湖区

哲古错西北角的哲古镇，是西藏全区牧人居住最集中的乡镇之一。随着社会经济发展和人民生活水平提高，生活区产生的生活废弃物及生活污水量迅速增加，需要对生活废弃物和生活污水进行专门处理以防直接流入湖区造成污染，破坏脆弱的高原湖泊生态系统。

（三）减少人类活动对鱼类活动及栖息地的影响

随着西藏交通条件的进一步改善，哲古错周边修路、开发等人类活动日益频繁，要保证在其开发过程中，尽量减少对哲古错水域及周边环境的影响。2009 年 9 月举办首届哲古湖牧人节后，逐渐成为当地颇具影响力的旅游招牌。大量外地游客进入包含哲古错湖面及周边草原在内的哲古错风景区，必须规范游客在景区内的活动，特别注意控制在湖面的活动，减少对鱼类及栖息地的影响。此外，业久曲及其入湖区域为全湖鱼类唯一的仔稚鱼栖息地，必须严格限制人类活动。

（四）科学利用鱼类资源、严禁酷渔滥捕

传统的哲古错牧区没有捕捞活动，随着西藏经济的迅速发展，大量外地人口涌入西藏，需要提前防范外来人员对湖区鱼类资源的捕捞。特别要防范鱼类繁殖期，大量鱼类涌入狭窄的业久曲集群产卵时对鱼类资源的捕捞。

（五）严格控制外来鱼类入侵

由于交通受限制，目前还未发现有从他处引入鱼类放生到哲古错的现象。随着交通条件的改善以及外来游客增多带来的观念及习俗的融合，需要提前预防，做好宣传，正确引导科学合理放生，严禁外来鱼放入哲古错，避免对本已脆弱的水生态系统产生毁灭性破坏。

（六）开展鱼类资源与环境长期监测工作

2017 年，农业部启动了以"三江四湖"为代表的西藏重点水域渔业资源调查项目，系统和深入地开展西藏鱼类资源与环境的全面调查，为西藏生态环境和生物多样性的保护提供科学的数据支撑。该项目不仅是农业援藏工作的需要，也是指导西藏水资源规划和合理利用、保护水生生物资源和保障生态西藏建设的需要，符合国家中长期发展规划和国家

发展战略等重点任务需求。哲古错作为藏南典型内流湖泊列入其中。

哲古错鱼类资源与环境调查项目的有序开展为掌握哲古错鱼类资源状况提供了基础资料，但远远满足不了目前对包括哲古错在内的西藏脆弱水域生态系统开展资源保护和养护工作的需要，建议国家相关部门设立专项，开展哲古错鱼类资源和环境的长期监测工作。定期监控区域内土著鱼类资源现状及变动情况；监控外来鱼在区域内入侵、扩展动态；监控其他水生生物资源现状及变动情况；监控水域环境质量变化情况，为哲古错这一独特又脆弱的水域生态系统开展资源保护和养护工作提供基础资料，探究哲古错水环境变化规律，并以此为依据制定措施，保护鱼类资源种群繁衍生息。

参考文献

安宝晟，程国栋，2014. 西藏生态足迹与承载力动态分析 [J]. 生态学报，34（4）：229-236.

边多，杜军，胡军，等，2009. 1975—2006 年西藏羊卓雍错流域内湖泊水位变化对气候变化的响应 [J]. 冰川冻土，31（3）：404-409.

边多，杨志刚，李林，等，2006. 近 30 年来西藏那曲地区湖泊变化对气候波动的响应 [J]. 地理学报，61（5）：510-518.

曹文宣，陈宜瑜，武云飞，等，1981. 裂腹鱼类的起源和演化及其与青藏高原隆起的关系 [M]. 北京：科学出版社.

曾霖，唐文乔，2010. 叶尔羌高原鳅的年龄、生长与繁殖特征 [J]. 动物学杂志，45（5）：29-38.

陈大庆，张信，熊飞，等，2006. 青海湖裸鲤生长特征的研究 [J]. 水生生物学报，30（2）：173-179.

陈宜瑜，陈毅峰，刘焕章，1996. 青藏高原动物地理区的地位和东部界线问题 [J]. 水生生物学报，20（2）：97-103.

陈毅峰，何德奎，陈宜瑜，2002. 色林错裸鲤的年龄鉴定 [J]. 动物学报，48（4）：527-533.

陈毅峰，何德奎，曹文宣，等，2002. 色林错裸鲤的生长 [J]. 动物学报，48（5）：667-676.

邓华堂，岳兴建，陈大庆，等，2010. 怒江细尾高原鳅生长特征与食性 [J]. 淡水渔业，40（1）：26-33.

丁瑞华，1994. 四川鱼类志 [M]. 成都：四川科学技术出版：63-117.

丁永建，刘时银，叶柏生，等，2006. 近 50 年中国寒区与旱区湖泊变化的气候因素分析 [J]. 冰川冻土，28（5）：623-632.

段友健，2015. 拉萨裸裂尻鱼个体生物学和种群动态研究 [D]. 武汉：华中农业大学.

费鸿年，张诗全，1990. 水产资源学 [M]. 北京：中国科学技术出版社.

冯钟葵，李晓辉，2006. 青海湖近 20 年水域变化及湖岸演变遥感监测研究 [J]. 古地理学报，8（1）：131-141.

高春霞，戴小杰，吴峰，等，2013. 北大西洋大青鲨年龄和生长初步研究 [J]. 上海海洋大学学报，22（1）：123-130.

高欣，2007. 长江珍稀及特有鱼类保护生物学研究 [D]. 武汉：中国科学院研究生院.

龚君华，王继隆，李雷，等，2017. 西藏布裙湖全唇裂腹鱼年龄与生长的初步研究 [J]. 淡水渔业，47（6）：26-31.

郭焱，蔡林钢，吐尔逊，等，2002. 赛里木湖新疆高原鳅生物学研究 [J]. 水产学杂志（2）：6-11.

郝美玉，张耀南，阎保平，等，2013. 青藏高原斑头雁迁徙通道的环境特征 [J]. 干旱区资源与环境，27（11）：129-134.

何德奎，陈毅峰，陈自明，等，2001. 色林错裸鲤性腺发育的组织学研究 [J]. 水产学报，25（2）：97-102，188.

何学福，贺吉胜，严太明，1999. 马边河贝氏高原鳅繁殖特性的研究 [J]. 西南师范大学学报（自然科学版），24（1）：71-75.

贺晋云，张明军，王鹏，等，2011. 新疆气候变化研究进展 [J]. 干旱区研究，28（3）：499-508.

侯飞侠，何春林，张雪飞，等，2010. 高原鳅属鱼类雄性第二性征 [J]. 动物分类学报，35（1）：101-107.

胡海彦，狄瑜，赵永锋，等，2011. 蠡湖 4 种鲌鱼形态特征的比较研究 [J]. 云南农业大学学报（自然科学），26（4）：488-494.

胡汝骥，马虹，樊自立，等，2002. 近期新疆湖泊变化所示的气候趋势 [J]. 干旱区资源与环境，16（1）：20-27.

霍斌，2014. 尖裸鲤个体生物学和种群动态学研究 [D]. 武汉：华中农业大学.

贾荻帆，2012. 青藏高原珍稀濒危特有鸟类优先保护地区研究 [D]. 北京：北京林业大学.

季强，2008. 六种裂腹摄食消化器官形态学与食性的研究 [D]. 武汉：华中农业大学.

姜加虎，黄群，2005. 青藏高原湖泊分布特征及与全国湖泊比较 [J]. 水资源保护，20（6）：24-27.

蒋志刚，江建平，王跃招，等，2016. 中国脊椎动物红色名录 [J]. 生物多样性，24（5）：501-551，615.

李红敬，张娜，林小涛，2010. 西藏雅鲁藏布江水质时空特征分析 [J]. 河南师范大学学报（自然版），38（2）：126-130.

李亮涛，杨学芬，杨瑞斌，等，2016. 雅鲁藏布江中游东方高原鳅的年龄与生长特性 [J]. 华中农业大学学报，35（6）：117-123.

李思发，1998. 中国淡水主要养殖鱼类种质研究 [M]. 上海：上海科学技术出版社：6-8.

梁文涛，2014. 几种高原鳅属鱼类的生物学研究 [D]. 武汉：华中农业大学.

林振耀，吴祥定，1984. 南迦巴瓦峰地区垂直气候带及气候类型 [J]. 山地学报，2（3）：40-48.

刘必林，林静远，陈新军，等，2016. 西北太平洋柔鱼角质颚微结构及其生长纹周期性研究 [J]. 海洋与湖沼，47（4）：821-827.

刘冬平，张国钢，钱法文，等，2010. 西藏雅鲁藏布江中游斑头雁的越冬种群数量、分布和活动区 [J]. 生态学报，30（15）：4173-4179.

刘鸿艳，谢从新，郑跃平，等，2009. 西藏高原鳅个体繁殖力的研究 [J]. 淡水渔业，39（4）：12-16.

刘勇，严利平，胡芬，等，2005. 东海北部和黄海南部鲌鱼年龄和生长的研究 [J]. 海洋渔业，27（2）：133-138.

洛桑·灵智多杰，2005. 青藏高原水资源的保护与利用 [J]. 资源科学，27（2）：23-27.

吕大伟，周彦锋，葛优，等，2018. 淀山湖翘嘴鲌的年龄结构与生长特性 [J]. 水生生物学报，42（4）：762-769.

马宝珊，2011. 异齿裂腹鱼个体生物学和种群动态研究 [D]. 武汉：华中农业大学.

马钮，1996. 青海湖水位变化与湖区气候要素的相关分析 [J]. 湖泊科学，8（2）：103-106.

聂宁，张万昌，邓财，2012. 雅鲁藏布江流域 1978—2009 年气候时空变化及未来趋势研究 [J]. 冰川冻土，34（1）：64-71.

宁森，叶文虎，2009. 我国淡水湖泊的水环境安全及其保障对策研究 [J]. 北京大学学报（自然科学版），45（5）：848-854.

秦大河，陈宜瑜，李学勇，等，2005. 中国气候与环境演变（上卷）：中国气候与环境的演变与预测 [M].

北京：科学出版社．

沈丹舟，2007. 宝兴裸裂尻鱼的年龄、生长和繁殖力研究及宝兴东、西河的鱼类多样性［D］. 四川：四川大学．

施成熙，1989. 中国湖泊概论［M］. 北京：科学出版社．

孙鸿烈，郑度，姚檀栋，等，2012. 青藏高原国家生态安全屏障保护与建设［J］. 地理学报，67（1）：3-12.

覃亮，熊邦喜，王基松，等，2009. 鲌属鱼类在天然水域中的生态功能及资源增殖对策［J］. 湖北农业科学，48（1）：242-245.

王华，郭延蜀，戚文华，等，2008. 白龙江上游黑体高原鳅生物学研究［J］. 水产学杂志，21（1）：42-46.

王苏民，窦鸿身，1998. 中国湖泊志［M］. 北京：科学出版社．

王永明，曹敏，谢碧文，等，2016. 大渡河流域黄石爬鮡的年龄与生长［J］. 动物学杂志，51（2）：228-240.

魏希，邓云，张陵蕾，等，2015. 雅鲁藏布江干流中游河段水温特性分析［J］. 四川大学学报（工程科学版），47（S2）：17-23.

温海深，王亮，毛玉泽，等，1998. 鲇鱼（*Silurus asotus*）产卵类型的研究［J］. 哲里木畜牧学院学报，8（3）：9-15.

武云飞，1984. 中国裂腹鱼亚科鱼类的系统分类研究. 高原生物学集刊［M］. 北京：科学出版社．

武云飞，吴翠珍，1992. 青藏高原鱼类［M］. 成都：四川科学技术出版社．

肖调义，章怀云，王晓清，等，2003. 洞庭湖黄颡鱼生物学特性［J］. 动物学杂志，38（5）：83-88.

谢从新，2009. 鱼类学［M］. 北京：中国农业出版社．

谢虹，2012. 青藏高原蒸散发及其对气候变化的响应（1970—2010）［D］. 兰州：兰州大学．

谢小军，龙天澄，曹振东，等，1994. 南方鲇的繁殖群体的结构及生长［J］. 西南师范大学学报（自然科学版），19（1）：71-78.

谢振辉，吕红健，付梅，等，2020. 青海湖裸鲤不同繁殖群体繁殖特性的比较研究. 渔业科学进展：1-9.

熊飞，陈大庆，刘绍平，等，2006. 青海湖裸鲤不同年龄鉴定材料的年轮特征［J］. 水生生物学报，30（2）：185-191.

西藏自治区水产局，1995. 西藏鱼类及其资源［M］. 北京：中国农业出版社．

许静，2011. 雅鲁藏布江四种特有裂腹鱼类早期发育的研究［D］. 武汉：华中农业大学．

寻明华，2009. 兴凯湖主要经济鱼类年龄结构与物种多样性研究哈尔滨［D］. 哈尔滨：东北林业大学．

闫立娟，郑绵平，魏乐军，2016. 近40年来青藏高原湖泊变迁及其对气候变化的响应［J］. 地学前缘，4：310-323.

严太明，2002. 黑尾近红鲌生物学和不同种群形态特征的比较研究［D］. 北京：中国科学院．

颜云榕，侯刚，卢伙胜，等，2011. 北部湾斑鳍白姑鱼的年龄与生长［J］. 中国水产科学，18（1）：145-155.

杨汉运，黄道明，池仕运，等，2011. 羊卓雍错高原裸鲤（*Gymnocypris waddellii* Regan）繁殖生物学研究［J］. 湖泊科学，23（2）：277-280.

杨军山，陈毅峰，何德奎，等，2002. 错鄂裸鲤年轮与生长特征的探讨［J］. 水生生物学报，26（4）：378-387.

杨乐，仓决卓玛，闻冬梅，2013. 西藏山南地区鸟类资源调查初报［J］. 西藏科技，6：31-32，34.

杨鑫，2015. 雅鲁藏布江双须叶须鱼年龄生长、食性和种群动态研究 [D]. 武汉：华中农业大学.

杨鑫，霍斌，段友健，等，2015. 西藏雅鲁藏布江双须叶须鱼的年龄结构与生长特征 [J]. 中国水产科学，22（6）：1085-1094.

姚娜，马良，金珊珊，等，2019. 青海北川河流域拟鲶高原鳅生长特性研究 [J]. 内蒙古农业大学学报（自然科学版），40（6）：1-6.

叶富良，张健东，2002. 鱼类生态学 [M]. 广州：广东高等教育出版社.

殷名称，1995. 鱼类生态学 [M]. 北京：中国农业出版社.

尹邦一，代应贵，范家佑，等，2017. 长脂拟鲿年龄与生长研究 [J]. 水生态学杂志，38（1）：94-100.

张鹗，谢仲桂，谢从新，2004. 大眼华鳊和伍氏华鳊的形态差异及其物种有效性 [J]. 水生生物学报，28（5）：511-518.

张国钢，刘冬平，侯韵秋，等，2008. 卫星跟踪青海湖繁殖地渔鸥的迁徙路线 [J]. 林业科学，44（4）：99-104.

张觉民，何志辉，1991. 内陆水域渔业自然资源调查手册 [M]. 北京：农业出版社.

张天华，陈利顶，普布丹巴，等，2005. 西藏拉萨拉鲁湿地生态系统服务功能价值估算 [J]. 生态学报，12：3176-3180.

张信，熊飞，唐红玉，等，2005. 青海湖裸鲤繁殖生物学研究 [J]. 海洋水产研究，26（3）：61-67.

张雪飞，何春林，宋昭彬，2010. 大渡河上游麻尔柯河高原鳅的年龄与生长 [J]. 动物学杂志，45（4）：11-20.

赵利华，1982. 青海湖裸鲤种群结构变异与资源利用 [J]. 生态学杂志，3：12-15.

郑度，林振耀，张雪芹，2002. 青藏高原与全球环境变化研究进展 [J]. 地学前缘，9（1）：95-102.

郑作新，李德浩，王祖祥，1983. 西藏鸟类志 [M]. 北京：科学出版社.

周翠萍，2007. 宝兴裸裂尻鱼的繁殖生物学研究 [D]. 四川：四川农业大学.

朱松泉，1989. 中国条鳅志 [M]. 南京：江苏科学技术出版社：68-132.

朱秀芳，陈毅峰，2009. 巨须裂腹鱼年龄与生长的初步研究 [J]. 动物学杂志，44（3）：76-82.

Ando H，Kondoh H，Ichihashi M，et al，2007. Approaches to identify inhibitors of melanin biosynthesis via the quality control of tyrosinase [J]. J Invest Dermatol，127（4）：751-761.

Branstetter S，1987. Age and growth estimates for blacktip, *Carcharhinus limbatus*, and spinner, *C. brevipinna*, sharks from the northwestern gulf of Mexico [J]. Copeia，（4）：964-974.

Campana S E，2001. Accuracy, precision and quality control in age determination, including a review of the use and abuse of age validation methods [J]. Journal of Fish Biology，59（2）：197-242.

Chen F，Chen Y F，He D K，2009. Age and growth of *Schizopygopsis younghusbandi* in the Yarlung Zangbo River in Tibet, China [J]. Environmental Biology of Fishes，86（1）：155-162.

Chigbu P，Sibley T H，1994. Relationship between abundance, growth, egg size and fecundity in a landlocked population of longfin smelt, *Spirinchus thaleichthys* [J]. Journal of Fish Biology，45（1）：1-15.

Donaldson Jg，Honda A，2005. Localization and function of Arf family GTPases [J]. Biochemical Society transactions，33（4）：639-642.

Elliott J M，Wootton R J，1990. Ecology of Teleost Fishs [J]. Journal of Animal Ecology，59（3）：1195.

Grosshans B L，Ortiz D，Novick P，2006. Rabs and their effectors: achieving specificity in membrane traffic ［J］. Proc Natl Acad Sci USA，103 （32）：11821-11827.

Hester F J，1964. Effects of food supply on fecundity in the female guppy，*Lebistes reticulatus* （Peters） ［J］. Journal of the Fisheries Board of Canada，21 （4）：757-764.

Higdon C W，Mitra I M，Johnson S L，2013. gene expression analysis of zebrafish melanocytes， iridophores，and retinal pigmented epithelium reveals indicators of biological function and developmental origin ［J］. PloS one，8 （7）：e67801.

Hubbard J K，Uy J A，Hauber M E，et al，2010. Vertebrate pigmentation：from underlying genes to adaptive function ［J］. Trends Genet，26 （5）：231-239.

Kobayashi N，Nakagawa A，Muramatsu T，et al，1998. Supranuclear melanin capsreduce ultraviolet induced DNA photoproducts in human epidermis ［J］. J Invest Dermatol，110：806-810.

Levanduski M J，Cloud Jg，1988. Rainbow trout （*Salmo gairdneri*） semen：effect of nonmotile sperm on fertility ［J］. Aquaculture，75 （1-2）：171-179.

Li X M，Song Y N，Xiao B，et al，2015. gene expression variations of red-white skin coloration in common carp （*Cyprinus carpio*） ［J］. Int J Mol Sci，16：21310-21329.

Ng A，Uribe R A，Yieh L，et al，2009. Zebrafish mutations ingart and paics identify crucial roles for de novo purine synthesis in vertebrate pigmentation and ocular development ［J］. Development，136： 2601-2611.

Nilsson S H，Aspengren S，Wallin M，2013. Rapid color change in fish and amphibians-function， regulation，and emerging applications ［J］. Pigm Cell Melanoma R，26：29-38.

Ospina-Alvarez N，Piferrer F，2008. Temperature-dependent sex determination in fish revisited： prevalence，a single sex ratio response pattern，and possible effects of climate change ［J］. PloS one， 3 （7）.

Qiu H，Chen Y F，2009. Age and growth of Schizothorax waltoni in the Yarlung Tsangpo River in Tibet， China ［J］. Ichthyological Research，56 （3）：260-265.

Sato S，Yamamoto H，2010. Development of pigment cells in the brain of ascidian tadpole larvae：insights into the origins of vertebrate pigment cells ［J］. Pigm Cell Res，14：428-436.

Schultz E T，Warner R R，1991. Phenotypic plasticity in life-history traits of female *Thalassoma bifasciatum* （Pisces：Labridae）：Correlation of fecundity and growth rate in comparative studies ［J］. Environmental Biology of Fishes，30 （3）：333-344.

Setty S R，Tenza D，Truschel S T，et al，2007. BLOC-1 is required for caro-specific sorting from vacuolar early endosomes toward lysosome-related organelles ［J］. Mol Biol Cell，18 （3）：768-780.

Storebakken T，Hong K N，1992. Pigmentation of rainbow trout ［J］. Aquaculture，100 （1）：209-229.

Sun C L，Ehrhardt N M，Porch C E，et al，2002. Analyses of yield and spawning stock biomass per recruit for the South Atlantic albacore （*Thunnus alalunga*） ［J］. Fisheries Research，56 （2）：193-204.

Uckun D，Taskavak E，Togulga M，2006. A preliminary study on otolith-total length relationship of the common Hake （*Merluccius merluccius* L，1758，Aegeansea） ［J］. Pakistan Journal of biological Sciences，9 （9）：1720-1725.

Veijalainen N，Dubrovin T，Marttunen M，et al，2010. Climate Change Impacts on Water Resources andLake Regulation in the Vuoksi Watershed in Finland ［J］. Water Resources Management，24 （13）：

3437-3459.

Vlaming V L D, 1972. Environmental control of teleost reproductive cycles: a brief review [J]. Journal of Fish Biology, 4 (1): 131-140.

Voisey J, Box N F, Daal A, et al, 2010. Polymorphism study of the human Agoutigene and its association with MC1R [J]. Pigm Cell Res, 14: 264-267.

Yao J L, Chen Y F, Chen F, et al, 2009. Age and growth of an Endemic Tibetan Fish, *Schizothorax oconnori* in the Yarlung Tsangpo River [J]. Journal of Freshwater Ecology, 24 (2): 343-345.

图书在版编目（CIP）数据

西藏哲古错渔业资源与环境调查／杨学芬等著．—
北京：中国农业出版社，2023.6
（中国西藏重点水域渔业资源与环境保护系列丛书／
陈大庆主编）
ISBN 978-7-109-30813-8

Ⅰ．①西… Ⅱ．①杨… Ⅲ．①湖泊－水产资源－研究
－措美县②湖泊－水环境－研究－措美县　Ⅳ.
①S922.754②X524

中国国家版本馆 CIP 数据核字（2023）第 109643 号

XIZANG ZHEGUCUO YUYE ZIYUAN YU HUANJING DIAOCHA

中国农业出版社出版
地址：北京市朝阳区麦子店街 18 号楼
邮编：100125
责任编辑：肖　邦　王金环
版式设计：杜　然　责任校对：吴丽婷
印刷：北京通州皇家印刷厂
版次：2023 年 6 月第 1 版
印次：2023 年 6 月北京第 1 次印刷
发行：新华书店北京发行所
开本：787mm×1092mm　1/16
印张：8　插页：16
字数：225 千字
定价：70.00 元

美丽的哲古草原

美丽的哲古错湖岸

美丽的哲古错湖面

哲古错湖岸村镇

哲古错湖岸村镇居民

哲古错湖岸村镇居民

山南措美干群积极支持项目开展

2017 年 5 月哲古错调查现场

2017 年 6 月哲古错现场调查人员合影

2017 年 9 月哲古错现场调查人员合影

藏族朋友到现场支持渔业资源调查

哲古错春季

哲古错春季

哲古错夏季－动物的天堂

哲古错夏季－迁徙候鸟的乐园

哲古错秋季－野生动物天堂

哲古错秋季－野生动物天堂

哲古错秋季－野生动物天堂

哲古错秋季－野生动物天堂

哲古错秋季－小花绽放

哲古错入湖河－业久曲的春季

哲古错入湖河－业久曲的秋季

哲古错采样－路遇泥石流

哲古错采样－车陷湖岸

哲古错采样－摩托助行

哲古错采样－摩托陷沼泽

哲古错采样－沼泽拖船

哲古错采样－逆风冒雨涉水前行

采样现场

采样现场

采样现场

采样现场

哲古错采样－地笼捕鱼

哲古错采样－整理网具

哲古错采样－整理网具

哲古错采样－刺网捕鱼

哲古错采样－现场测量

哲古错采样－渔获物分析

哲古错采样－水质检测

哲古错采样-水质检测

哲古错采样-浮游生物采集

哲古错采样－浮游生物采集

哲古错采样－底栖生物采集

哲古错采样—样品处理

哲古错采样—样品处理

哲古错采样－样品处理

哲古错采样－水生植物采集

哲古错水生植物—三叶藻（*Hippuris vulgaris*）

哲古错水生植物—水毛茛（*Batrachium bungei*）

哲古错水生植物－水毛莨

哲古错水生植物－水毛莨

哲古错水生植物－篦齿眼子菜（*Stuckenia pectinata*）

哲古错水生植物－篦齿眼子菜

哲古错水生植物—穗状狐尾藻（*Myriophyllum spicatum*）和篦齿眼子菜

哲古错高原裸鲤（*Gymnocypric waddelli*）

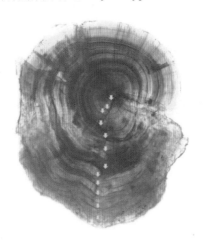

微耳石年龄材料特征

哲古错异尾高原鳅（*Triplophysa stewarti*）

哲古错拉萨裸裂尻鱼（*Schizopygopsis younghusbandi*）

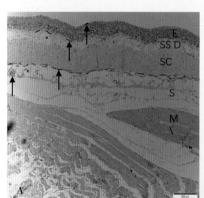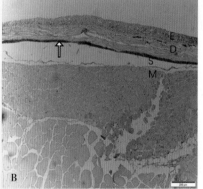

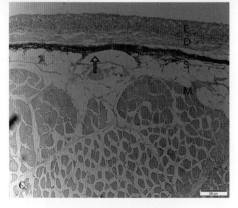

拉萨裸裂尻鱼不同部位皮肤结构

A. 背部皮肤分层　B. 体侧皮肤分层　C. 腹部皮肤分层

注：图中黑箭头表示黑色素细胞；白箭头表示虹彩细胞。

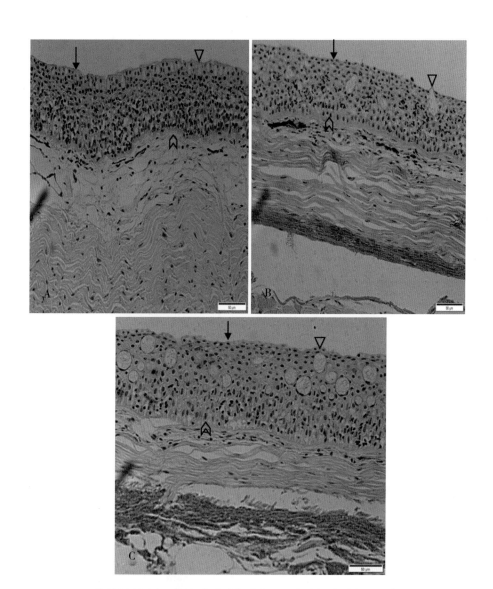

拉萨裸裂尻鱼不同部位皮肤细胞类型及色素细胞种类及形态
A. 背部皮肤分层　B. 体侧皮肤分层　C. 腹部皮肤分层

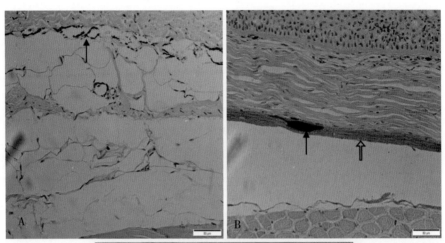

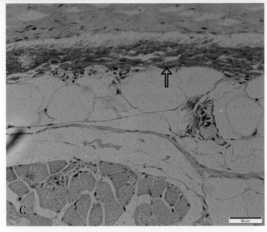

拉萨裸裂尻鱼皮肤色素细胞的空间分布

A. 背部皮肤分层　B. 体侧皮肤分层　C. 腹部皮肤分层